ILO

農業における人間工学的チェックポイント

日本語版

シエンリ ニウ　小木 和孝 編
田　島　　淳　訳

国際労働機関 国際人間工学会 共同制作
日本農業労災学会　日本語版監修

東京農業大学出版会

『農業における人間工学的チェックポイント』 日本語版の出版にあたって

はしがき

　本書は，ILO（International Labour Organization）と国際人間工学会が編集・発行した『Ergonomic checkpoints in agriculture』第 2 版（2014年刊）を日本語に翻訳し，それに日本語版の使い方についての解説を追加して出版したものです。日本国内で高止まりしている農作業事故防止に日々取り組んでおられる多くの皆様に本書を是非とも利用していただけるよう，日本農業労災学会が監修して発行しました。

　日本農業労災学会は，農作業事故の撲滅という目的の下2014年 5 月に設立され，2023年に設立から10年目を迎えます。本学会では，農作業中の死亡事故が毎年300人前後で推移する現状を「農業者の命の非常事態」と捉え，会員の総意に基づいて死亡事故ゼロに向けて，産官学のプラットフォーム機能を担いつつ，より実践的な農業労働災害の予防と労災補償の充実のための活動を展開して参りました。

　こうした中，本学会では学会活動の一環として，本書の英語版の掲載内容に注目し，本学会副会長の田島淳会員（東京農業大学教授）が日本語への翻訳を行いました。現在ではその日本語翻訳版がILOホームページに「農業における人間工学的チェックポイント・アプリ」として公開されています。

　この著作物は，世界中の国や地域を問わず活用か可能な農作業安全の手引きと言っても過言ではない内容であり，普遍性を持った教科書です。長年に渡るILOの世界中のノウハウが凝縮された名著であり，日本の農業現場でもそれを利用することによって，農作業事故の防止に役立つことが大いに期待されると思っています。

　ただし，この日本語版はスマホアプリでの公開のため，広く日本の農業現場で利用するためには制約が大きいと考えています。そこで本学会として設立10周年記念事業の一環で，この冊子の日本語版を図書として刊行し，より容易に多くの農業現場で利用できるようにしたいと考え，この度の出版に至った次第です。

　この日本版には英語版の翻訳に加えて，日本の読者に利活用の便宜を図るため日本語版の使い方を追加収録しており，これを活用することで日本の農業現場での利活用が進むことが期待されると考えます。

　最後になりましたが，今回の日本語版の発行にご理解とご支援をしていただいたILO（国際労働機関）の皆様，また日本語版経費捻出のために出版募金にご協力いただいた多くの皆様，そして日本語版の翻訳や執筆を担当された皆様に心より感謝申し上げます。

　本書が日本の農業現場で農作業安全のためのチェックポイントとして広く活用されるとともに，その結果として農作業安全や農作業事故防止に少しでも貢献できたら幸いです。

日本農業労災学会　会長

北田　紀久雄

序文

危険で過酷な作業，季節労働，天候や気温が不安定な中での屋外作業，飲料水や衛生設備の不備，時には家庭内での作業など，農村部で働く労働者はその性質上，しばしばぜい弱な立場に置かれる。多岐にわたる作業——動物との接触，生物的因子への暴露，農薬の使用，十分に整備されていないトラクタやトラック，収穫機，切断・穴あけ工具の使用，不自然な体勢，長時間の同じ姿勢，重い荷物の運搬，同じ動作の繰り返し，そして過重労働——は，生物学的，化学的，人間工学的な危険を招く。農業は最も危険な業種の一つである。

農業の非正規雇用は雇用のおよそ9割に上る。大部分は零細・小規模企業や小規模な家族農業である。人里離れた土地では，労働者の意見を取りまとめ提言するような労働者代表もおらず，先住民や移民など弱い立場にある人々が農業を担うことも多い。保健医療や産業保健，労災保険へのアクセスは限られ，また，保険制度も十分に利用することができない。労働安全衛生法で守られず，労働基準監督署の目が届きにくい。農村部で働く労働者は，身の回りの危険や，業務によるけがや病気に対する予防・管理手段についての知識を持ち合わせていないこともある。

本書「農業における人間工学的チェックポイント」は現在版を改め第2版であるが，小規模農業における安全，衛生，労働条件，環境の改善を目的とした人間工学的およびその他の介入策を，チェックリストと実践的な図解による助言を付けて簡単に使えるように作成した。方法と助言については，国際労働機関（ILO）の研修プログラムWork Improvement in Neighbourhood Development（WIND）が推進する方法論を参考にしている。農家に対する参加型行動指向型訓練方法を推進するためにベトナムで最初に用いられ，その後フィリピン，セネガル，タイなどの農場で使われている。世界的に利用可能な最良の人間工学的技術と実践を反映した実用的なイラストを新たに配し2014年に出版したこの第2版は，世界の各地域で小規模農業のニーズに対応するため役立っている。

本書は，ILOと国際人間工学連合（IEA）が共同で作成し，日本語への翻訳はILOと日本農業労災学会が共同で行ったものである。

2022年6月に開かれた第110回ILO総会で「労働における基本的原則及び権利」に安全で健康的な労働環境を含める決議が採択された。第2版の日本語版となる本書が，全ての労働者にとって安全で健康的な労働環境の実現に向けた，ささやかながらも重要な一助となれば幸いである。

ILO 労働安全衛生ユニット長
ジョアキン・ピンタード・ヌネス

日本語版の意義と使い方

1. 農業従事者の安全と健康・労働環境の改善への参加・行動を促進するチェックポイントを学ぶ
   －ILOの労働安全衛生分野の国際基準と人間工学の相乗効果で－ ……………………………〈4〉

2. 農業における人間工学的チェックポイントの一般的な活用方法と
   GAPの実践面での利用について ……………………………………………………………〈7〉

3. 農業者が使える「ILO 農業における人間工学的チェックポイント」…………………………〈13〉

農業従事者の安全と健康・労働環境の改善への参加・行動を促進する
チェックポイントを学ぶ
－ILOの労働安全衛生分野の国際基準と人間工学の相乗効果で－

白 石 正 彦

1．ILO総会で採択された農業における安全及び健康に関する条約・勧告の意義

国際労働機関（ILO）は1919（大正8）年に創設され，戦後は国連の専門機関の1つとして，ディーセント・ワーク（Decent Work:"働きがいのある人間らしい仕事""人間として尊厳を保てる生産的な仕事"）の実現を目指して活動を展開している。根本原則に「労働は，商品ではない。」「表現及び結社の自由は，不断の進歩のために欠くことができない。」「一部の貧困は，全体の繁栄にとって危険である。」などを包含したILOフィラデルフィア宣言，ILO憲章を堅持し，理事会は政府代表が半数，使用者代表が4分の1，労働者代表が4分の1で構成されているところに特徴がある。ちなみに現在，日本はILO通常予算に対して第3位の拠出国で，日本政府は常任理事国の地位を占め，使用者側理事に経団連，労働者側の理事に日本労働組合総連合会（連合）から人選されている。

ILOのさまざまな活動のうち，国際労働基準の設定及びその適用の監視は最も重要なものの一つに上げられる。2001（平成13）年6月に開催された第89回ILO総会は，「農業における安全及び健康に関する条約（第184号）」と「勧告（第192号）」を採択した（ちなみに，日本は政労使とも条約・勧告共に賛成）。同条約と勧告では，「鉱業及び建設業と並び3大危険産業といわれる農業の安全と健康を扱う初の包括的な国際基準として，国内政策開発の際の全体的な枠組みを定める。」と明示している（ILO東京支局，『ILOジャー

ナルNo.493』，2001年を参照）。

同条約は，批准国に対して「農作業場の適切な監督システムを導入し，適切な手段で実施するように求める。使用者による労働者の安全及び健康の確保義務，農業労働者が安全衛生及び健康の確保に関する情報を得て協議に加わる権利も定めている。予防・保護的措置としては，適切なリスク評価とリスク・マネジメントの手段，機械の安全と人間工学，材料の運搬と取り扱い，化学物質の管理，動物の扱い，農業施設の建造と保全といった内容が取り上げられている。若年者と児童労働，臨時・季節労働者，女性労働者，傷病保険，福利厚生・居住施設に関する規定も含む。」と明示している（前掲『ILOジャーナルNo.493』，並びに，ILO, Safety and Health in Agriculture Convention（農業における安全及び健康に関する条約），2001, No.184を参照）。

同上の勧告では，「12（1）加盟国は，適当な場合には，代表的な自営の農民団体の意見を考慮して，条約によって与えられる保護を自営の農民に漸進的に拡大するための計画を作成すべきである。」「12（3）…代表的な自営の農民団体の意見は，…国内政策の策定，実施及び定期的な検討に際して考慮されるべきである。」と明示されている（前掲ILO, 2001, No.192を参照）。

日本は，現時点では第184号条約を批准していないが，批准しているフランス・スウェーデン等の動向も視野に，人類全体の幸せと地球環境保全のために日本農業の食料自給率向上目標を鮮明に，農と食の循環指向の持続的価値を高める元気で健康な担い手である多様な農業従事

者づくりが大きな課題である。本書の日本語版の出版は，多様で未来志向の農業従事者の内発的エネルギーを引き出しつつ政府，JAグループ，全国農業会議所，農業法人協会等が支援するシステムづくりのために，ILOの本条約・勧告と実践的ツールを結びつけて学び，各地域における農業とくらしの見直しの手引き書として活用する好機を迎えている。

2．システム人間工学の実践科学的な裏付けをもって編集された本書の着眼点

本書は，ILOが国際人間工学会（The International Ergonomics Association）と連携し，シェンリー・ニウと小木和孝の両名が編集者となり2014年にILOから第2版が刊行された。しかし，日本では「人間工学（Ergonomics）」についての考え方はあまり普及していないので，まず"人間工学"の概念について簡単な言及したい。

第1に，「日本人間工学会」ホームページには「"人間工学"はギリシャ語のergon（仕事や労働）とnomos（自然の法則）に由来し，"Ergonomics"が1857年にポーランドの学者Wojciech Jastrzębowski氏の造語で，…ポーランド出身の科学者Józefa Joteyko氏による英語版著書"労働科学の方法"が出版されたのは1919年であり，産業疲労の測定や労働の科学的管理の原則等が詳細に述べられています。」と明示している。

第2に，同ホームページでは「人々の安全・安心・快適・健康の保持・向上に貢献する実践科学であり，人間工学の対象は人間を中心に労働，生活，移動，コミュニケーションにおける（a）作業・仕事，（b）道具・機器，（c）モノ・作業現場などの設計，（d）物理環境，（e）組織・マネジメント，（f）文化・慣習・法規など対象領域・要素が拡大し，"人間が社会生活を営む様々なライフシーン"を掛け合わせたシステム人間工学モデル」に深化しつつある点に言及している。

第3に，以上のようにILOの労働安全衛生分野の国際基準と人間工学の相乗効果をねらいとして，人間工学の実践科学的な裏付けをもって編集された本書を学習する意義は大きい。特に，本書の100項目チェックポイントを農業従事者や農業団体，自治体，研究者等で関心が高く優先的に実践したい項目に読者各自が順位をつけて各イラスト（図解）を見ながら，各地域の多様な現場環境，機器使用等を低コストまたは無償で効果的に達成できるヒントが得易いように工夫されている点が魅力的である。

3．わが国の農業現場・農業団体・社労士・関連産業，行政・研究機関で本書活用の仕方

日本農業労災学会は，農業労災に関心にある研究者，並びに農業団体役職員・社労士などの実践家を正会員とし，関連団体を賛助会員として2014年4月に創立して10周年目を迎える。この間，毎年農業労災に関するシンポジウムを開催，学会誌『農業労災研究』を第1巻から第9巻を発行すると共に，2021年6月には会員総会で「農作業事故の撲滅―死亡事故ゼロを目指して―」について緊急声明を発表し反響を呼んでいる。

本書における農業における人間工学的チェックポイント100項目は，農業従事者同士の学び合いと，農業団体，関連産業，行政・研究機関のプラットホームづくりを促進できるように，農業従事者主導の農業における安全改善，健康改善，労働環境改善の姿を描き，その課題解決方策を明示している。

日本農業労災学会は，2021年度に学会賞を設けその選考の結果，①「広島県農協中央会」は単位農協等のJAグループを結集し，②「社会保険労務士法人たんぽぽ会」は前者のJAグループと協定を締結し，両団体の農作業事故の未然防止対策と事故発生後の労災補償対策の優れたネットワーク活動として評価され両団体は「実

践賞」（団体の部）を受賞した。

2022年度には③「いのしし社会保険労務士事務所長」は，福岡県内の単位農協との連携で農作業事故の未然防止対策と事故発生後の労災補償対策の支援が評価され「実践賞」（個人の部）を受賞した。④「神奈川県秦野市農協」は，多様な農業者の担い手育成活動（はだの市民農業塾等），集落単位の営農生産組織活動（安全で健康な農作業研修・広報と労災保険特別加入運動の両サイドの活動）や秦野市（自治体）・農業委員会との連携で，当農協の正組合員（農業者）の３割が農業労災補償への特別加入を実現している成果が高く評価され実践賞（団体の部）を受賞した。

このような実践賞受賞の県農協中央会・単位農協・社労士グループ・自治体・農業委員会の農作業事故の未然防止対策と事故発生後の労災補償対策の優れたネットワーク活動の多様な先進的モデルの深化，並びに全国各地の農業従事者，農協役職員，社労士グループ，政府・自治体・農業委員会・農業関連産業の関係者の本物のネットワーク活動の萌芽をさらに活性化する上で本書は有効である。

例えば，本書の①「環境保護の関わる72項目」では，＜適切なバイオガスを利用して人及び動物（家畜）の廃棄物をリサイクルする。＞⇒イラスト入り画像では"あなたの地域の状況に最も適したバイオガス施設を選択して下さい。動物（家畜）と人間の排泄物の処理と生成されたバイオガスに転換する訓練を受けて下さい。…地元の良い例から学ぶ。"⇒覚えておくべきポイントには＜人間や動物（家畜）の排泄物は，低コストで環境にやさしいバイオガスに転換することができます。＞と明示している。②「家族と地域の協力に関わる82項目」では，＜農業と家庭の仕事を分かち合い，家族の誰かに過度な負担をさせないようにする。＞⇒イラスト入り画像では"家事を分担し，食事は一緒に作り

ます。…"⇒覚えておくべきポイントには＜家族での責任の共有は，家族の調和を高め，仕事の生産性を向上させます。＞と明示している。③「作業組織と作業スケジュールに関わる89項目」では，＜各作業者が多様な興味深い作業を行うことができるように作業を組み合わせる。＞⇒イラスト入り画像では"各農場労働者に２つ以上のタスクを割り当てることで，仕事がより面白くなります。"⇒覚えておくべきポイントには＜単調さを避け作業をより面白くする…ことで，生産性が向上します。＞と示唆に富み，興味深い。

最後の付録には，①参加・行動指向型トレーニングへの農業における人間工学的チェックポイントの使用（a.行動チェックリストのための農場訪問，b.５つのテクニカルセッションとグループ作業の優先順位付け，c.改善提案の作成とフォローアップ活動の組織化），②農業に関する行動チェックリストがイラスト入りで31項目を明示，③農業における人間工学的チェックポイントを使用したトレーニングワークショップのサンプルプログラム（２日間並びに１日のワークショップの例示），④グループワーク結果の例（トレーニングに参加したベトナム，カント州の農民５グループ）による労働および生活環境の具体的改善提案が明示され，教育学習活動を重視し，農業現場での実証的成果をチェックし，農業の生産性向上と豊かなくらしの相乗効果を展望している点が興味深い。

以上のように本書は，人間工学指向の労働条件と生活条件を有機的に組み合わせて多様な農業従事者の安全・健康・労働環境の3本柱のチェックポイントの改善方策と課題解決の道筋が鮮明にされ示唆に富み，加えて日本農業における男女参画型の体質改善に役立つものと高く評価したい。

農業における人間工学的チェックポイントの一般的な活用方法とGAPの実践面での利用について

門 間 敏 幸

1．はじめに

令和4年農業構造動態統計調査によれば，全国の農業経営体数は97万5,100経営体と毎年減少しているが，団体経営体は4万100経営体と年々増加している。団体経営体のうち法人経営体は，3万2千経営体で大きく増加している。また，同年の基幹的農業従事者数は1,225千人，うち常雇いの労働力は152千人で12.4％を占めている。このように最近の農業経営体の動きを見ると，農業法人の増加と年間雇用労働力の増加が特徴づけられ，雇用者の責任としての労働安全対策の実践が求められている。

また，農林水産省が取りまとめた令和2年の農作業事故死亡者数は270人となり，平成30年以降は300人を切り年々減少している。事故区分別では農業機械作業によるものが186人（68.9％）と多く，65歳以上の高齢者による事故が229人と死亡事故全体の84.8％を占めている。

こうした中で，農作業安全対策として農林水産省は春と秋の年2回全国規模での農作業安全確認運動を展開するとともに，農作業事故原因の解明・分析事例調査，農業機械・農作業安全に関する研修，農作業安全啓発資料の配布，熱中症対策チェックシートやアプリの開発，農業者のための労災保険の特別加入制度の推進，農林水産業・食品産業の作業安全のための規範を設定して事業者のための安全に関わるチェックシートの提供，さらには，各都道府県レベルにおける「農作業安全指導員」を育成するための取り組み支援等，様々な活動を展開している。

農作業安全に関して以上のような様々な取り組みが実践されているが，顕著な効果を実現できていないのが現状である。こうした農業現場における労働災害の発生はわが国固有の問題ではなく，多くの先進国，途上国に共通する世界的な問題として顕在化している。そうした事態を憂慮したILO（国際労働機関）は，世界の労働者の労働条件と生活水準の改善を目的として様々な活動を実践している。特に農業の安全性確保は最重要課題との一つとして位置づけられている。そうした中で1996年にまとめられたのが『ILO 人間工学チェックポイント』であり，労働安全・作業場改善に関する国際的なベストセラーとなっている。本書は，労働安全・作業場改善にかかわる経営者，管理監督者，労働者，監督官，安全保健担当者，トレーナーと教育者，事業支援サービス従事者，技術者，人間工学専門家，設計者のために作られたものである。今回，公刊されたILO『農業における人間工学的チェックポイント』は，2014年に公刊された『ILO 人間工学チェックポイント 第2版』に基づいて作成された農業版（2014年刊行）の日本語版である。

本書は，従業員を雇用する農業法人，JAなど農産物の出荷施設の運営，労働安全対策に関わるJA職員，社会保険労務士，行政担当者，さらには農村コミュニティのリーダー等，農業の労働安全に関わるすべての方にとって非常に有用な内容を豊富に備えている。具体的な内容については，本書の本文を参照されたい。ここでは，本書における労働安全に関わる内容のエッセンスについて，全国の農業団体，農業法人などで取り組まれているGAPとの関連で整

理し，GAPによる労働安全の取り組みを推進する上でも，本書で整理されたチェックポイントが参考になることを示す。また，GAP認証の取得を目指さなくても，独自の労働安全対策を計画して実施するために本書で整理されたチェックポイントが有用であること示す。さらに，農村におけるコミュニティ活動の取り組みに関しても有用な情報が整理されていることを整理しておく。

2．GAPと農業における人間工学的チェックポイントのねらい

GAP（Good Agricultural Practices）は，「農業経営における労働安全を確保し，生産環境を守りながら，安全な農産物を持続的に生産するための適切な管理の仕組みと実践に関する農業生産工程管理の方法」と定義できる。GAPは，農業経営者として，自らも含む農業労働者の安全を守り，その生産基盤である地域の環境を守り，消費者に安全・安心な農産物を持続的に届けるための農業経営の仕組みであり，その取り組みの妥当性を客観的に評価できるようにする点に意義がある。

また，産地づくり・ブランドづくりの可能性についても，GAPを実践することで消費者組織，農産物の流通・加工・販売企業との相互の信頼関係を構築し，持続的な産地づくり，ブランド形成を生産者主導で進めることができる。

一方，ILO農業における人間工学的チェックポイントは，農業は，先進国及び開発途上国の両方で最も危険な業務分野の一つであり，農作業の事故を減少させ，生活水準を改善し，生産性を向上させるために農村現場で実用的な活用を目指して2014年に作成され刊行された。その後，この取り組みを世界的に広げるために英語版のアプリが，そして日本語版のスマホアプリが日本農業労災学会の監修で開発され広く提供されるようになった。

ILOのチェックポイントは，人間工学的な視点から世界各地で実践された農作業安全・農業作業環境の改善の取り組み事例の分析に基づいて明らかになったノウハウを整理し，多くの地域で農業者や関係者が参加型で活用できるマニュアルとして整理されたものである。このマニュアルには，農作業・地域での共同作業の現場で問題となる100タイプの農業機械や施設での作業におけるチェックポイントが整理されている。このチェックポイントの内容をイラスト付でわかりやすく記載し，利用者が自分達の問題に対応して100タイプのチェックリストをカスタマイズして利用できるように工夫されている。この冊子に先立って提供されたスマホアプリは，より安全で健康な農作業の現場づくりを目指す人々に無償で提供され，有効に活用することができる。

ILOの農業における人間工学的チェックポイントには，以下の10の領域における100タイプの農作業ならびに農作業現場づくりのチェックポイントが整理されている。
1）資材の保管と取り扱い（14項目），2）作業場と器具（14項目），3）機械の安全（12項目），4）農耕用車両（8項目），5）物理的な環境（13項目），6）危険な薬品の管理（5項目），7）環境保護（6項目），8）福利厚生施設（8項目），9）家族と地域の協力（8項目），10）作業組織と作業日程（12項目）

3．農作業安全にかかわるGAPの取り組み

ここでは，GLOBALG.A.P. Version 5 のチェック項目：野菜・果樹認証の場合を例に，農作業安全に対するチェックポイントについて見てみよう。このGLOBALG.A.P.では，以下の9つの領域で218項目（食品安全99項目，トレーサビリティ22項目，作業従事者の労働安全と健康28項目，その他69項目）が整理されている。

表1の労働安全管理と事故発生時の対応について，危険な場所，危険な作業に関するリスク評価，事故やけが対策の文書化，ヒヤリハット

表1　GLOBAL G.A.P. Version5 野菜・果樹認証の場合の農作業安全に関するチェックポイント

番号	レベル	管理点	適合基準
14.労働安全管理及び事故発生時の対応			
14.1	必須	作業者の労働安全	① 圃場、作業道、倉庫・農産物取扱い施設及びその敷地等における危険な場所、危険な作業に関するリスク評価を年1回以上実施し、事故やけがを防止する対策を文書化している。リスク評価とその対策は、自分の農場及び同業者で発生した事故やけがの情報や自分の農場で発生したヒヤリハットの情報を参考にしている。危険な作業として下記を必ず評価の対象としている。 1) 乗用型機械の積み降ろし及び傾斜地や段差での使用 2) コンバインの使用 3) 草刈機(刈払い機)の斜面・法面での使用 4) 耕耘機の使用 ② 上記①で立てた事故やけがを防止する対策を周知し実施している。 ③ 圃場、倉庫、農産物取扱い施設及び作業内容に変更があった場合には、リスク評価とその対策を見直している。
14.2	重要	危険な作業に従事する作業者	管理点14.1で明確にした危険な作業を実施する作業者は下記の条件を満たしている。 ① 安全のための充分な教育・訓練を受けた者である(管理点11.7参照)。 ② 法令で要求されている場合には、労働安全に関しての公的な資格もしくは講習を修了している者、またはその者の監督下で作業を実施している(管理点11.8参照)。 ③ 酒気帯び者、作業に支障のある薬剤の服用者、病人、妊婦、年少者、必要な資格を取得していない者ではない。 ④ 高齢者の加齢に伴う心身機能の変化をふまえた作業分担の配慮をしている。 ⑤ 安全を確保するための適切な服装・装備を着用している。
14.3	重要	労働事故発生時の対応手順	労働事故発生時の対応手順や連絡網が定められており、作業者全員に周知されている。

出所：https://agri-ftk.com/gap-syurui

情報の活用等について，圃場の条件や農業機械ごとにチェックすることが義務付けられている。また，危険な作業に従事する作業者については，従事する作業者が満たすべき条件を訓練の受講，資格や監督者の管理，条件を満たさない者の条件，高齢者による作業内容への配慮，安全な服装や装備について記載されている。さらに，事故発生時の対応に関する対応手順や連絡網の整備の必要性が示されている。

　GAP認証を取得する個人経営や組織経営では，これらの労働安全管理と事故発生時の対応を確実に実施して，その実施状況を記録して認証審査を受けることになる。こうした一連の労働安全に関する工程管理の実践の証明が求められるところにGAPの大きな特徴がある。

4．労働安全に関するILOの農業における人間工学的チェックポイントのチェック項目

⑴　機械の安全性に関する12のチェックポイント

　ILOの農業における人間工学的チェックポイントの場合，GAPのように労働安全に関する

チェックポイントの実践による認証の取得を目指すわけではなく，自らの経営に適合した自発的・自主的な労働安全対策を自らつくり実践するところに特徴がある。

　本書では，農作業・地域での共同作業の現場で問題となる100タイプの農業機械や施設での作業におけるチェックポイントが整理されている。その中から，「農業機械の安全性」を例にとり，チェックポイントの特徴についてみていく。本書では，「機械の安全性に関するチェックポイント」として次の12項目が設定されている。

㉙必要な安全ガードや予防装置が組み込まれた機械を購入する

㉚機械の危険な可動部に適切なガードを取り付ける

㉛危険を避け，生産量を増やすために適正な供給装置を使用する

㉜圃場内で機械を使用するときは，安定した場所に設置する

㉝機械を使用するときはパートナーと一緒に作業を行い，単独での作業は極力避ける

㉞機械がよく整備されており，壊れた箇所や不良部品がないことを確認する

㉟機器や照明に電力を供給するためのコネクタが安全で確実であることを確認する

㊱握り易い安定した取っ手を備えた手持ちの動力工具を使用する

㊲操作が簡単で，手を放すと自動的に停止する方式の歩行型機械を使用する

㊳ホイストやクレーンが指定された吊り下げ荷重制限と安全上の注意に従って操作されていることを確認する

㊴偶発的な作動を防ぐために，機械の操作装置を保護する

㊵非常停止用スイッチは，見つけ易く，操作し易くする

　以上のように，機械の安全性については，機械を購入する場合のチェックポイントと安全装置の追加，機械の定期点検や操作方法についての留意点がきめ細かく整理されている。さらに，機械日誌記帳による機械の状態把握，安全装置の確認，有資格者による点検，定期的なトレーニングを受けること，さらには機械修理におけるスイッチを切ることの重要性などが述べられている。また，安価な機械を購入する場合の安全性の確認の重要性が強調されている。

（2）チェックポイントの意義，取り組みの方法とヒント等

　なお，それぞれのチェックポイントごとに，1）なぜその取り組みが必要なのか，2）どうやって取り組むか，3）協力を促進する方法，4）取り組みに当たってのその他のヒント，5）覚えておくポイント，がわかりやすく解説されている。

　例えば，機械の安全性のチェックポイント㉚では，次のポイントが整理されている。

1）取り組みの必要性…機械の可動部（歯車，ローラー，ボルト）に関わる深刻な事故が発生する。事故を削減するためには手作りでもいいのでガードを設置することが大切である

ことが述べられている。

2）どうやって取り組むか…機械の可動部にカバーやガードを取り付ける。可動部カバーは木材や鋼片など丈夫で耐久性のある素材を選択する。ガードやカバーを取り外して修理やメンテナンスを行う場合は，経験と資格のある人だけが安全なメンテナンス手順に従って行う。ガードの内側には，プラスチックや金属メッシュなどの透明な素材を使用する。

3）協力を促進する方法…地域の農家における機械のさまざまな使用方法を見て回り，危険な部分を特定し，適切なガードが必要な機械をリストアップして適切な解決策と手順について話し合う。

4）その他のヒント…ガードは機械にしっかりと固定する。機械を操作する前に，付属のガードのナットとボルトを注意深く確認して，必要に応じて，再度締める。

5）覚えておくべきポイント…機械の可動部分の近くでの作業は非常に危険であるため，ガードを取り付けて機械との接触を防ぐのが最善の防御策である。

5．家族と地域の協力に関する人間工学的チェックポイントのチェック項目

（1）家族と地域の協力に関する8つのチェックポイント

　GAPのチェック項目と異なり，家族と地域コミュニティの協力に関する項目については，農家間の共同作業がこれまで行われてきた地域，さらにはコミュニティ活動の停滞が進行している地域や中山間地域における共同作業などの展開場面で非常に参考になる。家族と地域の協力に関するチェックポイントでは，次の8項目が設定されている。

㉛グループワーク活動の組織化

㉜農作業と家事の役割分担による特定家族員への過度の負担軽減

㉝高価な機械や設備を購入またはレンタルする

ための共同出資計画の樹立

㊼地域住民による定期的な会合やグループ活動の開催による安全衛生活動の展開

㊽妊婦への配慮

㊾高齢農家が安心して働けるためのサポート

㊿障害を持つ農業者が安全かつ効率的に作業できるように施設や設備を調整

(88)グループ活動を組織化しコミュニティにサポートクラブを作る

(2) チェックポイントの意義，取り組みの方法とヒント等

例えば，家族と地域の協力に関するチェックポイントでは，次のポイントが整理されている。

1) 取り組みの必要性…農業従事者は，農道や橋・水路の補修や草刈りなど，様々な重労働を行わなければならない。これらの作業はグループで行う方が効率的である。こうしたグループ活動は，農家の協力を促進する良い機会を提供する。こうした作業を実行するには，優れた計画と特別な技術が必要とされ，経験豊富なリーダーが必要となる。経験豊富なリーダーの下での農家間の協力が良好な成果を保証する。

2) どうやって取り組むか…まず，多くの農家の協力が必要な作業を特定する。次に特定された作業の計画をつくり実行するためのグループを組織化する。さらに，高所での作業，重い物の運搬，危険な機械の使用などの作業に関連する安全と健康のリスクを評価し，事故や怪我を防ぐための対策を講じる。

3) 協力を促進する方法…最も経験豊富で熟練した農家にリーダーを依頼して作業を実施する。作業の進行状況を監視および評価するとともに，健康のリスクを評価する。評価に基づき適切な解決策と手順について話し合う。

4) その他のヒント…農業従事者だけでは解決できない技術的または安全上の問題が含まれる場合は，必要に応じて地方自治体，普及組織からの技術的サポートを受ける。こうした取り組みは関係機関との連携を強化するためにも有効である。

5) 覚えておくべきポイント…地域の農業資源を守り農業の持続性を維持していくためには，地域の農家同士の協力が不可欠である。必要な安全・資源維持対策を共同で計画し実践することが大切である。

表2　グローバルGAPの認証費用

運営主体	FoodPLUSGmbH（ドイツ）
審査会社	3社（東京2、神奈川1）※いずれも外資系日本法人（日本人審査員がいない会社が他に2社あり）
審査費用	25～55万円程度＋旅費 （内訳）①運営会社への登録料※面積に応じて増減 　　　　　日本の一般的な規模の場合：5～30ユーロ程度 　　　　②審査経費
（参考）認証取得に向けたコンサルタントの指導	
コンサルタント会社	大手3社（東京1、茨城2）
コンサルタント費用	40～55万円程度＋旅費 ※標準指導日数5日間程度
コンサルタント育成制度	民間コンサルタントが独自の評価員制度を運用

資料：農林水産省生産局農業環境対策課「GAP（農業生産工程管理）をめぐる情勢（平成29年9月）」
注：コンサルタントの受講は、認証取得にあたっての必須要件ではありません。

出所：https://vegetable.alic.go.jp/yasaijoho/senmon/1711_chosa02.html

6．本書の意義と効率的な活用方法

　まず，ILO農業における人間工学的チェックポイントの意義は，本書もスマホアプリのいずれについても，活用に当たって認証を取る必要がないため，認証取得にかかる費用がいらないという点で経済性が高い。

　また，利便性という視点で見てもILO農業における人間工学的チェックポイントは，スマホのアプリとして提供され，スマホ利用者であれば，だれでも気軽に利用できるようになっている。しかし，JAなどが部会の会員を集めて指導会などを開催して農作業安全の取り組みを普及・指導する場合，また安全性に対する指導が必要な高齢者や個人の農家を対象とする指導の局面では，冊子体で活用できることが望ましいであろう。多様な年齢構成の従業員を雇用している農業法人での勉強会においても冊子体で提供された方が利用し易いであろう。

農業者が使える「ILO 農業における人間工学的チェックポイント」

半 杭 真 一

　農業者において農作業安全は身近なもの，であるはずである。刈払機をもって刈払いをすれば日常的にヒヤリとしたりハットしたりするし，自らの敷地や農地の近くには，車両が脱輪したことのある溝や，頭をぶつけてしまう建屋の軒がある。ほとんどの農業者にとって，重量物を持ち上げることは腰を痛める恐れがあるし，複数人のグループで作業することも日常だ。こうした，農業者に取っての日常のなかにこそ，安全への取り組みが必要なのである。

　農作業安全の必要性に異を唱える人はいない。しかし，一方で安全が特別なものになっていないか。年に一度の「説教臭い話」になっていないか。

　農作業事故による死者の推移と，労災事故や交通事故のそれを比較することがある。農作業事故に依る死者が減らない理由は明らかだ。農地のなかでトラクタのシートベルトをしなくても，ヘルメットを被らなくても，炎天下で長時間の作業をしても，全て自らの責任であるからである。自動車をシートベルト無しで公道を走らせれば交通ルールに違反するし，建設現場で安全帯無しに高所作業をすれば次の仕事がもらえない。農業には，他産業にあるようなこうした抑止力がはたらきにくいのだ。

　農作業においては，他産業のような抑止力がはたらきにくいため，安全を農業者自ら作り上げなくてはならない。そのためのヒントは日常の作業のなかにこそあるのである。

　この，「ILO 農業における人間工学的チェッ

クポイント」には，こうした，農業者が使い易い特徴がいくつかある。はじめに，「チェックポイント」として，日常的に行う作業や環境（人的なものも含む）が示されている点である。毎日のように使う施設は，不便や不安を感じていても，それが当たり前になってしまいがちである。そうした日常に埋没しているリスクを洗い出すために，この本書は役立つであろう。2番目に，人間工学的な視点でまとめられている点である。農作業は，重たいものを運んでも当たり前，夏は暑くて当たり前，のように，改善すべき点があってもそれと認識することが難しい。そうした点を「チェックポイント」として可視化してくれるのも，この本書の特徴である。3番目に，ILO（国際労働機関）という組織が作成したものであるという点である。農業分野としての問題点や，我が国だから抱える問題点について，国際機関としての視点は，農業者が気づきにくいことを的確に指摘してくれるとも言えるのではないか。

　「ILO 農業における人間工学的チェックポイント」は冊子体に先立ち，スマートフォン向けのアプリとして公開されている。検索ができる，持ち運びが容易であるというスマホ版ならではのメリットもあるが，冊子体というフォーマットは，この「チェックリスト」の利用を高め，日常の作業に潜む農作業事故のリスクを可視化し，共有するためのツールとして活躍してくれるであろう。農業者自らが手に取り，活用していただきたい。

農業における
人間工学的チェックポイント

農業における安全改善、健康改善、労働環境改善
のための実践的で実行し易い解決法

国際労働機関 国際人間工学会 共同制作

第2版

編集
シエンリ ニウ
小木 和孝

国際労働機関・ジュネーブ

農業における人間工学的チェックポイント：農業における安全性、健康、労働条件を改善するための実用的で
実装が容易なソリューション/ Shengli Niu、小木和孝編集。国際人間工学会　国際労働機関　第2版
ジュネーブ：ILO、2014
ISBN 978-92-2-128183-2（印刷物）
ISBN 978-92-2-128184-9（Web公開PDF書籍）
国際労働機関；国際人間工学会
職業安全／職業健康／作業環境／農業従事者／農業機械／防護服／環境保護／作業組織／農業
2013.04.2
ILO 出版データ目録

この出版物は、国際労働機関の印刷・普及部門である　Document and Publications Production（PRODOC）によって企画されたものです。

グラフィックと活版印刷のデザイン、原稿の準備、コピー編集、レイアウトと構成、校正、印刷、電子出版と配布

PRODOCは、環境的に持続可能で社会的責任を持って管理された森林から調達された紙を使用するよう努めています。

コード:WEI-ALC

はじめに

農業は多くの地域において主要な経済活動の一つであり、先進国、新興国双方で農業従事者は労働安全衛生に関して大きな課題に直面しています。 彼らはしばしば危険な状況下で働き、例えば、僻地、難しい地形、不適切な設計の道具、不安定な住居、質の悪い栄養、全般的な健康の欠如、流行病および風土病の高い罹患率、適切な飲料水・衛生設備へのアクセスの悪さ、極端な気候への暴露といった逆境に直面していると言うことです。これらの要素は、農業環境における利用可能な保健医療サービスの不在、あるいは標準の低さ、によってさらに悪化する可能性があります。貧しい暮らしと地方の労働条件の相互作用が、健康面での低い生産性と低賃金、栄養失調を、特徴的な罹患率、高い死亡率により地域の農業従事者の労働能力の低下を招き、そして地域のコミュニティにおいて経済的発展にマイナスの影響を与えるといった悪循環を生み出しています。

農作業現場での事故は、移民や季節労働者、高齢者、女性、子供など、最も脆弱なグループの中でより頻繁に発生します。農村部では、農業労働者が直面する健康被害やリスクに適切に対応するために必要な教育や情報が不足することがよくあります。農村部の農業労働者は、国家の労働安全衛生法、雇用傷害給付または保険制度の対象外となることが多々あります。特に地方の農村地域においては、国家の規制が存在する地域であっても労働査察が不十分であったり、雇用者と労働者の間で危険とその予防についての理解と訓練が不十分であったり、農業労働者の組織化の水準が低いなど、執行力は弱いといえます。

農業労働者の安全衛生への統合されたアプローチは、農村開発政策とイニシアティブにおいて重要な要素です。労働に関わる災害や病気の減少、生活環境の改善、生産性の向上を支援するためには、農村や農業の場面で実践的な行動が必要です。 2012年にIEAと協力してILOが発表した農業人間工学的チェックポイントの初版では、実践的、効果的、低コストな改善の例を示すイラストが付いた 100

項目の具体的な行動ポイントを概説しています。これらの例で具体化されたノウハウは、局所的に達成された人間工学的な応用に基づいており、生産性の向上と農業労働者の負傷や病気の軽減という点で有用です。

農業における人間工学的チェックポイントの第1版は世界中で広く受け入れられ、人間工学に基づいた実務家や専門機関によるトレーニングツールとして使用されています。しかし、人間工学の専門家や労働安全衛生の専門家は、 ILOには、人間工学に基づいた最高の技術と人間工学に基づいて設計された最高のツールをベースにした新しいイラストを追加することでこの本を改善できるとコメントしました。さらに彼らは、これらの新しい将来を見つめた世界的な事例は、いくつかの途上国で使用されている慣行とツールを要約したものではなく、イラストに示された良い原則が、先進国と発展途上国の両方で農業のための人間工学的に健全な道具と設備の開発を促進するのに役立つことを願っていると提案しています。人間工学の専門家および労働安全衛生実践者からのフィードバックは、初版の残部が急速に減少したことにより、 100項目のチェックポイントに付随するイラストレーションを大幅に改善した第2版の制作を決定しました。

農業における人間工学的チェックポイントの第2版が、マネージャー、監督、労働者、トレーナーや教育者（人間工学と職業的な安全および健康開業医だけでなく）を奮起させ続けて、彼らが人間工学的にしっかりした職場改善を広めることによって実際的な解決と経験を共有する手助けになることを期待します。

ジュゼッペ・カザーレ
臨時代表者
労働管理局、労働検査および労働安全衛生部
国際労働機関

はしがき

このマニュアルは、国際人間工学協会（IEA）と国際労働機関（ILO）によって招集された国際的な専門家のグループによって共同で作成され、人間工学的観点から農業労働と農村生活の改善のための実用的な解決策を提示しています。ここに列挙されたチェックポイントは、農業および地方の環境において、より良い安全、健康で、より効率の良い作業のために、既存の作業および生活環境を改善する手段として使用されることが意図されています。

「農業における人間工学的チェックリスト」は、中核的な行動を要約しており、個々の職場に適合したチェックリストを設計するための出発点として使用することができます。このチェックリストの内容と使用方法については、「マニュアルを使用するためのご提案」で説明しています。チェックポイントからの選択項目の適用例は、このマニュアルの付録に記載されています。

このマニュアルは、人間工学の観点から既存の作業条件を評価し、様々な状況で効果的な改善を実施するために使用することを推奨しています。

農業における人間工学的チェックポイントは、ILO研修プログラムWIND（Local Improvement Work Improvement in Neighborhood Development）によって提案された方法論を考慮した、参加型の行動指向の農業者訓練アプローチとして促進されました。この方法論は、ベトナムカントーの農場で、ベトナムのカントー州保健局労働安全衛生センターと日本の川崎市の労働科学研究所によって初めて使用されました。WIND法の基本原則は、中小企業における作業改善（WISE）として知られるILO訓練アプローチを反映しています。ILO WISEのアプローチは、多くの発展途上国で多くの職場改善をもたらしました。ILOはいくつかの途上国でWINDプログラムを開始しており、これらのプログラムはこれらの国々の小規模および小規模農場や農村で有効でした。

農業における人間工学的チェックポイントは、IEAとILOとの緊密な協力の結果です。この共同作業を実現するために、産業発展途上国と先進国の専門家が協力しました。新興国と先進国の両方において、農業における人間工学的な実践と地方の環境に基づいて、農業における予備的人間工学的チェックポイントの準備を行ったIEAタスクグループは、以下の者から成っています。

— デビッド カペル（David Caple）、オーストラリア国際人間工学協会（共同調整役）；
— 小木和孝、労働科学研究所（共同調整役）；
— サラ アルホルン（Sara Arphorn）、マヒドル大学、タイ王国；
— 川上剛、ILO 東アジア地域事務所、タイ王国
— トン ザ カイ（Ton That Khai）、カントーメディカルカレッジ、ベトナム；
— 菊池豊、農研機構生研センター、日本；
— クルト・ランダウ（Kurt Landau）、ダルムシュタット工科大学、ドイツ；
— アドンヤナ マヌアバ（Adnyana Manuaba）、ウダヤナ大学、インドネシア

このマニュアルの最初の原稿は、小木和孝氏、川崎剛氏、トン ザ カイ氏がグループの他のメンバーと協議して作成したものです。それぞれの収集されたチェックポイントに関係する人間工学の原理を適応することによって改善を達成した例を示すイラストは、トン ザ カイ氏と彼の協力者の監修の下で、ベトナムのグエン ティ サム（Nguyen Thi Sam）氏によって描かれました。農業における人間工学的チェックポイントに関するワーキンググループは、予備草案を検討し、必要な改善を行うために2007年に組織されました。このワーキンググループは、以下のメンバーで構成されました。

— ニヤマン アディプトラ（Nyoman Adiputra）、ウダヤナ大学、インドネシア；
— マスム アハメド（Masum Ahmad）、バングラデシュ農業大学、バングラデシュ；
— サマール アル ハディディ（Samar A. Al-Hadidi）、ヨルダン大学、ヨルダン；
— エリアス アプド（Elias Apud）、コンセプシオン大学、チリ；
— サラ アルホーン（Sara Arphorn）、マヒドル大学、タイ；
— デビッド カプル（David Caple）、国際人間工学協会、オーストラリア（IEAコーディネーター）；
— ファディ ファサラ（Fadi Fathallah）、カリフォルニア大学デービス校、アメリカ；
— モルダマド ゴルバニ（Mohammad Ghorbani）、マシュハド フェルドウズ大学、イラン；
— 川上剛、ILO東アジア地域事務所、タイ；

— トン ザ カイ、カントーメディカルカレッジ、ベトナム；

— ハリマタン エム カーリッド（Halimahtun M. Khalid）、ダマイサイエンス社、マレーシア；

— 小木和孝、労働科学研究所、日本（IEA草案作成グループ議長）；

— ウェンディ マクドナルド（Wendy Mac Donald）、ラ・トロベ大学、オーストラリア；

— デビッド モーア（David Moore）、マッシー大学、ニュージーランド；

— シエンリ ニウ（Shengli Niu）、SafeWorkプログラム、ILO、スイス、（ILOコーディネーター）；

— エンリコ オキーピーンティ（Enrico Occhipinti）、EPM財団診療所、イタリア；

— デーブ オニール（Dave O'Neill）、デーブ オニール協会、英国；

— アタル ケー シュリバスタバ（Atul K. Shrivastava）、農業工学単科大学、インド；

— スーマン シング（Suman Singh）、マハラナ・プラタップ農業技術大学、インド；

— シンジング ジョング（Shinging Xiong）、香港科学技術大学、中国；

— エフィ ユリア ヨビ（Efi Yuliah Yovi）、ボゴール農業大学、インドネシア；

— ロザンナ モールド ユスフ（Rosnah Mohd Yusuff）、マレーシア・プトゥラ大学、マレーシア；

このワーキンググループのワークショップが、2007年にマレーシアのクアラルンプールで、国際農業人間工学開発会議と合同で開催されました。このワークショップの間にワーキンググループは、最初のマニュアルの校正を行い、収集された人間工学的チェックポイントに改良を施しました。このワークショップで、本文とイラストに対し要求された修正は、IEAの専門委員との労働環境安全衛生に関するILOプログラム（SafeWork）の諮問の下で、小木和孝氏、川上剛氏、トン ザ カイ氏によって行われました。グエン ティ サム氏が、ベトナムのカントーメディカルカレッジのトン ザ カイ氏と協力して、イラストに色を付けました。

原稿を書き査読を行うことに沿って、WINDの手法を用いた農業における作業環境の改善は、ILOと国家プロジェクトの連携の形になりました。これらの活動には、フィリピン、タイ、ベトナムにおける地方・国家計画、キルギスタン、セネガル、ベトナム、中米諸国におけるILO技術協力プロジェクトが含まれています。これらおよびその他のILO活動を通じて達成された改善は、本マニュアルのレビューの基礎となりました。このような背景の中で、シエンリ ニウは原稿を改訂して完成させました。

2012年にILOが発表した「農業における人間工学的チェックポイント」の第1版は、世界中の人間工学および労働安全衛生実践者および専門機関によって高く評価されました。ILOに推奨されたチェックポイントを使用した読者の中には、ILOプロジェクトが実践された国ではなく、世界中で利用可能な人間工学的手法と実践を反映するように、初版のイラストの修正を勧めている人もいます。ILOの同僚と外部の専門家、特にジャビア ベルベロ氏、川上剛氏、エンリコ オッキーピンティー氏、フランシスコ サントス オッコナー氏、氏田由可氏は、初版のイラストについてコメントを頂きましたが、その貢献を高く評価します。

ILOと協力して、スペインバルセロナのエンリケ アルヴァレツ カサド氏とCENEA（Centro de Ergonomí a Aplicada）のチームは、すべてのイラストを見直し、約100点を改善・改訂しました。これらのイラストをもとに、この第2版はILOによって改訂されました。

ILOは、現在のIEAの会長であるデビッド カプル氏とアンドリュー イマダ氏、IEAの前会長のエリック ミヤング ワン氏らの「農業における人間工学的チェックポイント」の改善に関する協力・貢献に感謝しております。また、IEA執行委員会のメンバーの、物質的なサポートと知的支援にも感謝申し上げます。

また、ILOの旧職場環境安全衛生支部の前チーフのサミエラ マジアドアルトゥワジリ氏と町田静治氏、ILOの新しい労働管理、労働検査、労働安全衛生支部の暫定の広報担当のジュゼッペ カザレ氏にも感謝を申し上げます。ILOとIEAは、このマニュアルが世界の多くの地域で農業や農村地域の安全衛生を改善するための実用的なツールとして役立つことを願っています。

シエンリ ニウ、共同編集者
コーディネーター・シニア専門家
労働管理、労働検査および労働安全衛生支部
国際労働機関

小木和孝、共同編集者
議長
農業における人間工学的チェックポイントのためのIEA作業部会
国際人間工学会

目次

はじめに・・・・・・・・・・・・・・・・・・・・・・・・・・・・・・・ iii

はしがき・・・・・・・・・・・・・・・・・・・・・・・・・・・・・ v

マニュアルを使用するための提案・・・・・・・・・・ ix

農業における人間工学的チェックリスト・・・・・ xv

資材の保管と取り扱い・・・・・・・・・・・・・・・・・・・ 1
　（チェックポイント1〜14）

作業場と器具・・・・・・・・・・・・・・・・・・・・・・・・・ 31
　（チェックポイント15〜28）

機械の安全・・・・・・・・・・・・・・・・・・・・・・・・・・・ 61
　（チェックポイント29〜40）

農耕用車両・・・・・・・・・・・・・・・・・・・・・・・・・・・ 87
　（チェックポイント41〜48）

物理的な環境・・・・・・・・・・・・・・・・・・・・・・・・ 105
　（チェックポイント49〜61）

危険な薬品の管理・・・・・・・・・・・・・・・・・・・・ 133
　（チェックポイント62〜66）

環境保護・・・・・・・・・・・・・・・・・・・・・・・・・・・ 145
　（チェックポイント67〜72）

福利厚生施設・・・・・・・・・・・・・・・・・・・・・・・・ 159
　（チェックポイント73〜80）

家族と地域の協力・・・・・・・・・・・・・・・・・・・・ 177
　（チェックポイント81〜88）

作業組織と作業日程・・・・・・・・・・・・・・・・・・・ 195
　（チェックポイント89〜100）

付録・・・・・・・・・・・・・・・・・・・・・・・・・・・・・・・ 221
　付録1　参加・行動指向型トレーニングへの農
　　　　業における人間工学的チェックポイン
　　　　トの使用
　付録2　農業における行動チェックリスト
　付録3　農業における人間工学的チェックポイ
　　　　ントを使用したトレーニングワークシ
　　　　ョップのサンプルプログラム
　付録4　グループ作業成果の例
あとがき・・・・・・・・・・・・・・・・・・・・・・・・・・・ 234

マニュアルを使用するための提案

農業における人間工学的チェックポイントを使用するためのここでの提案は、産業上の新興国と先進国の両方でのトレーニング経験に基づいています。これらの経験は、ILOによって策定された中小企業における作業改善（WISE）方法論と類似した参加型行動指向型訓練方法を反映しています。このマニュアルの作業部会の多くのメンバーは、訓練活動の経験があります。これらの参加型の方法とのリンクは、このマニュアルの策定においても維持されていました。

このマニュアルで提供されたガイダンスの応用は作業場の改善に役に立ちます。人間工学的なチェックポイントによって示される改善活動は、現実の職場でテストされた健全な人間工学的原則に基づいています。

— 解決法はマネージャーとワーカーの双方が積極的に活動して開発する必要があります。
— グループワークは、実践的な改善を計画し実践する上で有利です。
— 利用可能な地元の素材や専門知識を利用することは、多くの利点があります。
— 改善策は、時間の経過とともに常に持続可能である必要があります。
— 地元で改善された改善を作り出すためには、活動を継続的に続ける必要があります。

このマニュアルに収集された人間工学的チェックポイントは、これらの基本原則を反映しています。それらは簡単で低コストで、すぐに適用可能な人間工学的な改善点を示しています。この実行が容易な性質は、グループワークや地元の材料やスキルによる実行にとって有利です。チェックポイントは広範囲を扱っており、異なる地域の状況に適用することができます。100項目のチェックポイントの後のイラストは、さまざまな現地の状況に適用された、実用的で低コストのアイディアを示しています。

このマニュアルに収集された人間工学的なチェックポイントを使用するには主に4つの方法があります：

1. 選択されたチェックポイントを職場に適用すること
2. その地域に適合した使い易いチェックリストをデザインすること
3. すぐに利用できる案内シートを作ること、そして
4. すぐに職場改善を計画・実行するためのトレーニングワークショップを開催すること

1. 選択されチェックポイントの職場への適用

人間工学的チェックポイントを適用する場合、それぞれの職場に関連して重要であると考えられるチェックポイントを選択することをお勧めします。通常、職場の最初の検査では約20～30項目のチェックポイントが適切です。このマニュアルから選択されたチェックポイント項目に対応するページのコピーは、労働安全衛生および人間工学的介入または職場リスク管理の初期段階で使用するために配付することができます。そして、このマニュアルの選択したチェックポイントに基づいて、短いチェックリストを作成することができます。このとき、時間が許せば、職場に適合した現地チェックリストを作成することを推奨します。このことに関するガイダンスは、次の章で取り上げています。

これらの選択されたチェックポイントを職場に適用する際、またはトレーニング目的でそれらを使用する場合、職場での実地調査をすることは有効な方法です。短いチェックリストは、参加者が作業場を体系的に調べ、改善のための弱点を見つけるのを助けますので、これらの実地調査に大きく役立ちます。このとき、後の議論に役立つので、既存のやり方の中でも良い点を見つけるように人々に依頼することを忘れないで下さい。

職場訪問の結果は小グループで議論した後、すべての参加者またはグループ代表者の会議で審査されるべきです。選択されたチェックポイント項目を使用する人々のグループ作業は、現地で実行可能な改善を特定するために不可欠です。

次の章でされているように、それぞれの職場環境において複数の側面を見ることが重要です。したがって、マニュアルのいくつかの章からいくつかの項目を選択することをお勧めします。これらは、資材の保管と取り扱い、工具と機械の安全、作業場の設計、物理的な環境、福利厚生施設、作業組織のすべてをカバーするものでなければなりません。

選択されたチェックポイントの項目に基づく簡単なチェックリストは、人々が即時の行動をとることを優先させることに役立ちます。また短期的および長期的な優先順位の両方を選択することもできます。これらのすべてにおいて単純で低コストの行動が存在するので、関係する職場の特定の条件を考慮に入れて、適切なチェックポイント項目を選択することは比較的容易に行えるはずです。

2．現地に適用可能な手軽なチェックリストの作成

　狙いは、選ばれたチェックポイントから作り替えられた現地に適応可能なチェックリストを設計し使うことです。こうして作られたチェックリストは人間工学的な評価と作業環境の現状改善のための有力なツールになり得ます。

　このマニュアルに収集されたチェックポイントは、即時に適応可能な作業現場改善を示しているので、現地の状況に合ったチェックポイントを選定するための指標となる「行動チェックリスト」を作成する必要があります。局所的に適合したチェックリストは、通常、次のようにグループ作業で設計されます。

1．早急に改善が必要な主な場所では、グループ作業で承認されるべきです。通常、資材の保管と取り扱い、機械の安全性、作業場の設計、照明、施設、福利厚生施設、作業組織の特定の側面などが最初に検討されます。

2．ターゲットとする場所のそれぞれについて、行動チェックリストからチェックポイント項目を選択することをお勧めします。

3．ここで選択された項目から30〜50項目のチェックリストの草案を作ることができます。これらのチェックリストは選定された地域を包括するものでなければなりません。そしてこのチェックリストの草案は行動チェックリストの書式と同様のものにすることができます。この書式（あなたは行動しますか？はいかいいえで答える。そして優先事項か否かを指摘する）は、現地の状況の中で優先すべき改善点をユーザーが提案するのに役立ちます。草案はこの試験的な使用によって個々の職場においての実地調査を含んで試験されます。この試験的な利用による試験結果のフィードバックを得ることで現地に適応可能なチェックリストが完成します。

4．チェックリストは、このマニュアルからコピーしたページを含むパンフレットで補完することができます。選択された30〜50項目のチェックポイントについて、2ページ程度になるパンフレットは、低コストで現地で使える選択肢の参考資料として使用できます。

　この現地で設計されたチェックリストと対応するチェックポイントを解説したパンフレットの組み合わせは、職場改善の実際の活動に使用することができます。チェックリストとそれを解説したパンフレットの設計は、例えば、安全衛生委員会のメンバー、経営陣および労働組合員の代表者を含む特別な作業グループ、職場の管理者、監督者および労働者からなるワーキングパーティー、または特定の人間工学的動作のために設定された特別なタスクグループなどが行うことができます。

　現場に携わるこうした人たちのグループは、チェックリストの設計者と関連するパンフレットのユーザーの両方になることができます。

　現場に適合したチェックリストとそれに関連するパンフレットを設計・利用するための全プロセスは、以下のように要約することができます。

現地適用チェックリスト設計のためのグループ作業プロセス

早急な改善が必要とされる主要部署での合意
（現地の良い習慣から学ぶこと）

↓

30〜50項目に限定してチェックリストを選択
（1箇所当たり2〜3項目のチェックリスト）

↓

チェックリストの草案を試験し、現地に適応するチェックリストを練り上げなさい
（低コストな改善に焦点を当てなさい）

↓

チェックリストには、このマニュアルの対応するページから抜き出して作ったパンフレットを参考資料として添付しなさい

↓

マネージャーと労働者によるグループ作業にこのチェックリストとパンフレットを使用しなさい

　このようにして作成された現地適用型のチェックリストは、問題となっている職場の人間工学的環境を完全に評価するためのものではなく、実現可能な実践的改善を見つけるために使われます。なぜならば、雑多な人間工学的側面の改善においては、段階的に進歩させる方が良いからです。

　なぜならば、前述したようにすべての関係する項目を含む長いチェックリストを作成するよりは、30〜50項目からなる比較的短いチェックリストを設計する方が良いからです。一見すると、より長いチェックリストがより包括的であるように見えるかもしれませんが、実際には、その構造が長く複雑であるため、地元の人々によって頻繁に使用されることはありません。簡潔で便利なチェックリストは、自発的な使用にはるかに適しています。多面的な側面で利用可能なアイディアの短いリストをまとめることにより、ユーザーは実行可能な選択肢を探す傾向が強くなり、優先順位の高い順に選択に関するグループ作業に進むことになります。現場適応型のチェックリストにおけるこのようなグループ作業の動機付けの性質は、忘れずに

覚えておいて下さい。

人間工学的条件の特定の側面に特に注意が必要な場合は、より詳細なチェックリストが役立ちます。例えば、ある職場で筋骨格の問題が主な苦情である場合、主に筋肉負荷に関連するチェックリストが策定されるかもしれません。このような特定の作業負荷は、さまざまな要因によってさまざまな形で影響を受けます。そして比較的短いリストが、これらの処理方法について活発な議論につながります。

マレーシアのワーキンググループによって設計された、小規模企業で使用するための現地適応された行動チェックリストの短いバージョンでは、低コストの改善アイディアで31の行動項目がリストにされています。行動チェックリストには、これらの31の行動のそれぞれについて現地で利用可能な選択肢を説明するパンフレットと、典型的なイラスト、現地の良い例を示す一枚の写真が添えられています。 参照を容易にするため、このマニュアルにチェックリストを添付します（付録2）。

異なる業界や環境でチェックリストや関連するパンフレットを交換することは価値があることです。最近の傾向は、複数の地域や環境における現地の良い事例から学習することで、30～40項目の行動チェックリストを設計してきていることです。

3．すぐに使える情報シートを作る

このマニュアルは実際の人間工学的な改善を説明する情報シートの作成に使うことができます。マニュアルのチェックポイントのシンプルで均一な構造は、この目的には有益です。マニュアルのカラーイラストは、チェックシートを参照シートとして簡単に使用するのにも役立ちます。

このマニュアルのチェックポイントページを使用して情報シートを作成するための以下の３つの基本的な選択肢があります。

1．単一の情報シート

マニュアルの各チェックポイントは2ページで構成されているため、いずれのチェックポイントも2ページの情報シートとしてコピーし提供することができます。現地のニーズに応じて、そのような情報シートのセットを再度作ることもできます。これらのシートは、様々なグループの人々に配布されても、あるいはトレーニングプログラムの補足資料として使用されてもよいものです。

2．パンフレットタイプの情報シート

マニュアルから選択された関連するチェックポイントはパンフレットとして編集することができます。パンフレットに含まれるチェックポイントは、実行するグループによって選択されてもよいでしょう。いろいろなパンフレットが作成される

ことになります。示されいる例は、素手での作業、手持ち工具、コンピュータ作業所、筋肉の緊張、上腕の疲労、目の緊張、怪我のリスク、暑さ・寒さ、化学的なリスク、仕事のストレス、間違いの防止、緊急事態、労働組織、若い労働者といった、特定のタイプの職場に適応可能な、あるいは特定の人間工学的な側面や特定のリスクに関係するチェックリストを含むパンフレットです。

3．ローカルに適合した情報シート

マニュアルを使用して情報シートを作成するもう1つの有用な方法は、ローカル条件を反映する備考および資料を追加することにより、チェックポイントのページを再編集することです。マニュアルの重点は簡単で実用的な改善提案の選択肢であるため、これは比較的簡単です。特に、このマニュアルで奨励されている実用的な選択肢に沿って得られた良い現地の例を含めることで、手軽なパンフレットを作成することができます。良い現地の例の写真を示すパンフレットは、同様の状況の中小企業や、類似の職場条件と環境を共有する特定の業種や特定の種類の仕事に特に役立ちます。

4．直面する職場変更のためのトレーニングワークショップの開催

職場改善の実施における訓練のマニュアルを使用する実践的な方法は、基本的な人間工学的原則を適用するために地域の人々を訓練するための短いワークショップを企画することです。この目的のために、このマニュアルを使用して、さまざまな国でさまざまなトレーニングワークショップが開催されています。ILOの訓練活動や同様の参加型プログラムの経験は、1～4日間の訓練ワークショップが、現地の経験を積み重ねて良い習慣を学ぶのに十分な時間を与えていることを示しています。このマニュアルは、行動指向のトレーニング資料のソースとして使用できます。

このようなトレーニングワークショップは、上記のように、ローカルに適合したチェックリスト、パンフレットまたは情報資料の使用と組み合わせることができます。

行動指向のトレーニングワークショップは、以下によって構成されます。

1. 地元の良い例を集めること。

2. 職場の条件を改善するための低コストの現地選択肢を特定するためのセッションを開催すること。

3. 実践的な改善を提案し実施する方法を学ぶために、グループ作業プロセスを経ること。

最初のステップである、「現地の良い例を収集すること」 は特に有意義です。これらは、人間

工学的な問題の範囲と、その現場で達成可能な解決策を示すことができます。現地で利用可能な選択肢を示すチェックリストとこのマニュアルの対応するページは、これらの優れた実践を人間工学に基づいた改善と結びつけるためのツールとして、またこれらの改善の即時実施に向けて研修生を指導するためのツールとして使用できます。これらの手順を実行するには、グループ作業が不可欠です。

このマニュアルを使用した行動指向のトレーニングワークショップの代表的な参加手順は、次のとおりです。

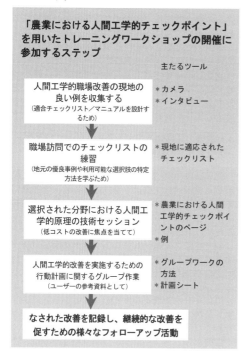

「農業における人間工学的チェックポイント」
を用いたトレーニングワークショップの開催に
参加するステップ

主たるツール

人間工学的職場改善の現地の良い例を収集する
（適合チェックリスト／マニュアルを設計するため）
＊カメラ
＊インタビュー

職場訪問でのチェックリストの練習
（地元の優良事例や利用可能な選択肢の特定方法を学ぶため）
＊現地に適応されたチェックリスト

選択された分野における人間工学原理の技術セッション
（低コストの改善に焦点を当てて）
＊農業における人間工学的チェックポイントのページ
＊例

人間工学的改善を実施するための行動計画に関するグループ作業
（ユーザーの参考資料として）
＊グループワークの方法
＊計画シート

なされた改善を記録し、継続的な改善を促すための様々なフォローアップ活動

これらの訓練ステップは、通常、1～4日以内に行うことができます。 定期的なグループディスカッションを行うセッションを構成することが重要です。各セッション（1時間から1時間半）は、トレーナーによるプレゼンテーション、小グループでのディスカッション、グループの結果のプレゼンテーションで構成する必要があります。このようにして、参加者はチェックリストを適用するための実用的な方法を学び、職場に実質的な影響を与える実用的な改善を提案することができます。1日または2日のワークショップでは、最初の日の朝にチェックリストの練習を行うことができます。 これにより、参加者は、いくつかの選択された技術分野について、その後のトレーニ

ングセッションでチェックリストの結果を活用することができます。経験によれば、少なくとも、資材の保管と取り扱い、作業場の設計、物理的な環境に関するセッションがあれば有効です。2日間のワークショップでは、機械の安全、福利厚生施設、作業組織に関するセッションを追加することができます。

3または4日間のワークショップでは、マニュアルの主な技術分野をカバーすることができます。例えば、チェックリスト訓練の後、資材の保管と取り扱い、工具と機械の安全性、作業場の設計、照明、物理的な環境、福利厚生施設、作業組織に関するセッションを開催することができます。成功例の研究や実践的改善を実施する方法に関するセッションを追加することもできます。 参加者が自分の行動計画を提示するよう奨励することも有効です。

すべてのセッションの重点は、現地の良い事例から学ぶこと、基本的な人間工学的原則を適用する改善を提案すること、即座に実行可能な改善に同意するためのグループ作業手順を学習することに置くべきです。

1日および2日間のワークショップのサンプルプログラムは付録3に示されています。これらのプログラムは、一連のグループ作業のセッションの形式で構成されています。一般的に有用なトレーニングツールは、現地に適合したチェックリスト、現地の良い例（例えば、短いコメントが付いた写真）、およびこのマニュアルに載っている関連するチェックポイントの対応するページで構成されています。

5．改善を実施するための実践的なヒント

このマニュアルの行動指向の性質を利用して職場改善を実施することができます。上記の提案に示されているように、マニュアルを使用する際には、いくつかの共通の実際的なヒントがあります。

現地の良い実践（現地の良い例として紹介されているような）に頼ること、そして参加型のグループ作業手順をとることは常に有用です。このマニュアルに記載されている情報は、複数の技術分野で利用可能な改善策の選択肢を見て、特定の地域で実用的な簡単で低コストの改善を提案するのに役立ちます。このマニュアルを効果的に活用するには、以下のヒントが役立ちます。

1．職場の状況を見直すための行動型チェックリストの使用

人間工学的なチェックリストは、既存の職場環境を体系的に調べるのに役立ちます。このマニュ

アルの人間工学的チェックリストに示されている
ように、チェック項目の行動事例は、人々が現地
での実用的な改善点を調べるための非常に有用な
ガイドです。長いチェックリストは適用が難しい
ため、限られた字数の低コストな選択肢をリスト
にした行動型チェックリストを設計することをお
勧めします。そのようなチェックリストは、地元
の人々に、新しい見通しで潜在的な改善を見極め
る機会を提供します。

2．現地の職場での良い例から学びなさい

現地で達成された職場改善の例は、そのメリッ
トだけでなくその実現可能性も示しています。困
難な地域の状況で改善がどのように実施されるか
についての見識を提供します。したがって、これ
らのチェックリストは現地の人々が自分で行動を
起こすよう促すことができます。現地の良い例は、
実行可能なアイディア、スキル、コスト、マテリ
アル、管理者と労働者の協力で改善を行うための
多くの有用なヒントを提供します。また、弱点を
指摘するのではなく成果を見ることは、常に積極
的で建設的な思考を促進し、真の改善につながり
ます。

3．効果的な改善アイディアを提案する

改善のための新しいアイディアが提案されたと
き、それが実際の現地の状況で機能することを確
認することが重要です。現地の職場から提案され
た良い例は、それぞれのアイディアの実現可能性
と実用性を見るのに役立ちます。これらのアイデ
ィアは、通常、現地の素材やスキルを使って実現
可能であることから、低コストのアイディアから
始めることは、常に現実的です。

4．労働者の支援を結集する

変更を行う際には、計画された変更が利益と進
歩につながり、仕事に悪影響を及ぼさないことを
関係者に明確にすることが不可欠です。変更内容
を労働者に通知し、その根拠と利点を事前に説明
して下さい。また、事前トレーニングを提供する
こと、起きる可能性がある意図しない影響につい
て労働者の相談に乗ることが不可欠です。変化へ
の抵抗を避ける最善の方法は、関係する労働者と
共同で計画し実施することです。

5．最後に改善する

最後に変更を加える便利な方法は、施設や設備
に変更を加えることです。人々の判断や習慣の改
善だけに依存しようとしないで下さい。施設や設
備に組み込まれた変更は、持続する傾向がありま
す。たとえば、単に整理整頓の改善の必要性を強
調するのではなく、適切な保管方法と輸送手段を

提供する方が多くの場合より良い結果が得られま
す。ラック、コンテナ、機動力がある機器の導入
は、適切な整理整頓の習慣が持続し、意図された
効果を発揮する可能性が高くなります。

6．常にグループで議論する

多くの人からの複数のアイディアについて議論
することで、より良い解決策が常に見つけ出され
ます。互いのアイディアを尊重し、ポジティブな
立場を維持しながら、常にグループで話し合いま
しょう。グループディスカッションは、多くのア
イディアから引き出された行動の優先順位付けの
方法について、人々が経験を交換するのに役立ち
ます。これは、グループディスカッションが人々
のさまざまなアイディアやメリットを比較し、関
係者にとって有益な合意に達するのに役立つから
です。

7．変更を管理する

技術的な専門知識だけでは、変更を成功させる
には十分ではありません。変更を成功させるのは、
職場を担当する現場の人々の責任です。彼らが注
意を払うべき注意点がいくつかあります：
— 明確な期限を設ける。
— 実行責任を誰かに割り当てる。
— 適切な資源（時間、材料、資金、技術的スキ
   ル）を配分する。
— 進行状況に関する定期的な報告を要求する。
— 改善プロセスに参加する人々が報酬を与えら
   れ、賞賛されることを確認する。

8．短期および長期の改善計画を推進する

改善計画を段階的に進めることが最善です。こ
れには、現地のニーズと、コストと技術的可能性
の面での実現可能性の両方の観点から優先順位を
設定する必要があります。すぐに現地のニーズを
満たすことができるアイディアは、短期間で最初
に実践されるべきです。小さくても効果的な改善
が行われると、人々は時間と気力を必要とする次
のステップを踏み出すことに自信を持つようにな
ります。そうして、短期的および長期的な改善計
画の策定に常に敏感になります。

6．フォローアップ活動

人間工学的チェックリストとチェックポイント
情報の使用によるトレーニングは、改善活動の終
わりではなく、それはほんの始まりにすぎません。
研修後に地域の人々を巻き込んだフォローアップ
活動の具体的な計画を立てることが不可欠です。
フォローアップ活動の目的は次のとおりです。

1. 現地の状況でどのような改善が行われているかを確認する。

2. 制約を克服しながらさらなる改善を続けるためには、どのようなサポートが必要であるかを理解する。

3. 改善の経験の交換を促進することによって継続的な努力を奨励する。

これらのフォローアップ活動では、このマニュアルの行動指向の機能は、体系的な方法で組織的な活動を編成するのに役立ちます。マニュアルに示されているさまざまな改善策の選択肢や、これらの選択肢の広い範囲は、フォローアップ活動の有効性を評価するための有益な基盤を提供することができます。

このマニュアルは、以下のような効果的なフォローアップ活動の編成に使用できます。

1. フォローアップ訪問で

トレーニング活動に参加している職場への訪問は、研修生が職場の問題を特定し、改善策の選択肢を提案し、改善を実施するためにどのような支援が必要かを知るための有用な機会を提供します。そのような訪問のための良いタイミングは、トレーニングワークショップの数週間後または数ヶ月後です。作業場の人々がフォローアップシートを利用して達成することが有用です。この訪問は、取られた行動を賞賛し、さらなる努力を促す機会を提供します。このマニュアルのさまざまなチェックポイントは、成果を記録し、継続的な努力をアドバイスする際の基準として使用できます。職場での困難に対処するに当たって、マニュアルの選択肢は、マネージャーと労働者の間の議論に役立ちます。

2. フォローアップ会議で

フォローアップ会議は、改善の経験を交換し、必要な支援について議論するのに非常に役立ちます。そのような会合は、訓練後数ヶ月から12ヶ月の間隔で組織することができます。次回のフォローアップミーティングの日時と場所は事前に決定しておくのが良いでしょう。通常、このような会議には、半日または1日の期間があれば十分でしょう。その目的は、参加者が業績を報告し、効果的な選択肢を正しく理解し、さらに継続的な改善のノウハウを交換することです。このマニュアルでカバーされている広い範囲とさまざまなヒントは、会議の議題を整理するために使用できます。報告された良い例と成功事例は、トレーニングや情報資料に含めることができます。

3. 積極的な経験の交換を促進する上で

重要なフォローアップ活動は、トレーニングとフォローアップ活動を通じて得られた肯定的な結果を既存のネットワーキングの取り決めと結びつけることです。例としては、前向きな経験や現地の良い例を広めるためのウェブサイトの活用、これらの例や新しいアイディアを示すニュースレターやチラシの出版などがあります。基本的な人間工学的原則と利用可能な改善策の選択肢に関するマニュアルの情報は、人々が現地に適用可能な低コストのアイディアに焦点を当てるのに役立ちます。

7. 成果と改善活動の関連付け

マニュアルを使用した訓練や情報活動、フォローアップ活動を通じて、現地で達成された前向きな経験を改善活動の提案や計画と結びつけることが重要です。これは、このマニュアルで説明されているように、人間工学的なチェックポイントのさまざまな側面でグループ作業を編成することによって最も効果的に達成されます。グループワークの連携を向上させる良い方法は、すでに職場で達成された3つの良い点と、改善が必要な3つの点について協議し合意することです。これらの点を、共同して優先的に行うべき行動を議論するための基盤として用いるようにして下さい。

現地の成果は、現地で実用的で革新的なアイディアを開発するための基盤として使用されるべきです。マニュアルに記載されている技術分野は、現地で実践可能なアイディアを人々が探求できるように、現地で達成された改善を共通のタイプに応じて配置されています。良い点と改善すべき点についての議論は、人々が現地の状況における潜在的な改善を見いだすのに役立ちます。

参照を容易にするため、またマニュアルで取り扱う技術分野の有用性を高めるために、付録4に、ベトナムのCanthoで農家が実施したチェックリスト訓練に基づく集団作業結果の例を示しました。

農業における人間工学的チェックリスト

チェックリストの使い方

このチェックリストは、このマニュアルに記載されている人間工学的チェックポイントのタイトルをまとめたものです。リストは100項目あります。リスト全体を使用することもできますし、あなたの職場に関連する項目のみを含む、あなた自身のリストを使用することもできます。通常、あなたの職場に適した約30〜50項目のチェックリストを適用するのが簡単です。

1. 職場を知ること

あなたが持っている質問は農場主に聞いて下さい。主な製品と生産方法、農家労働者数（男性と女性）、労働時間（休憩と残業を含む）、重要な労働問題について知っておくべきです。

2. チェックする作業領域の特定

チェックする作業領域は、マネージャーや他の主要人と相談して特定します。小規模企業の場合、生産領域全体をチェックすることができます。大企業の場合は、個別のチェックのために特別な作業領域を特定します。

3. 最初の現地調査

チェックリストを読んだ後、チェックリストを使用してチェックを開始する前に、作業領域を数分あるいはそれ以上歩いて下さい。

4. あなたのチェックの結果を書き留めること

各項目を注意深く読んで下さい。対策を適用する方法を探します。必要に応じて、農業経営者あるいは農場労働者に質問して下さい。
— 対策がすでに適切に取り込まれている場合、または対策が必要でない場合は、「あなたは行動を提案しますか？」の下にNOをマークします。
— その対策が時間をかける価値があると思われる場合は、「はい」と記入して下さい。
— 「備考」の下のスペースを使用して、あなたの提案またはその場所について説明を追加して下さい。

5. 優先順位の選択

終了したら、「はい」とマークした項目をもう一度見て下さい。得られる利益が最も大きいと思われるアイテムをいくつか選んで下さい。それらのアイテムに優先順位を付けて下さい。

6. チェック結果に関するグループディスカッション

現地の踏査に参加した他のメンバーと一緒にチェック結果を話し合います。現状の良い点と、チェックリストの適用に基づいて採られる対策について意見を摺り合わせます。提案された対策について、農家の所有者や労働者と話し合い、その実施についてフォローアップして下さい。

チェックリスト

資材の保管と取り扱い

1. 人や物の移動のために輸送ルートを片付けて良好な状態に保つ。

行動を提案しますか？
☐ いいえ　　☐ はい　　☐ 優先

備考……………………………………………………………
……………………………………………………………

2. 輸送ルートの急な段差や穴をなくし、必要に応じて傾斜台やスロープを使用する。

行動を提案しますか？
☐ いいえ　　☐ はい　　☐ 優先

備考……………………………………………………………
……………………………………………………………

3. 川や運河、水路には、幅が十分広い安定した橋を架ける。

行動を提案しますか？
☐ いいえ　　☐ はい　　☐ 優先

備考……………………………………………………………
……………………………………………………………

4. 資材、道具、製品を運ぶときは、台車、手押し車、その他の車輪がある装置を使用する。

行動を提案しますか？
☐ いいえ　　☐ はい　　☐ 優先

備考……………………………………………………………
……………………………………………………………

5. 台車や手押し車の車輪が圃場内の通路でも効果的に動くために十分な大きさであることを確認する。

行動を提案しますか？
□ いいえ　□ はい　□ 優先

備考……………………………………………
………………………………………………

6. 作業エリアの近くに、資材、道具、製品を保管するための多段式の棚やラックを設置する。

行動を提案しますか？
□ いいえ　□ はい　□ 優先

備考……………………………………………
………………………………………………

7. 重量物を運搬するときは、それを小さくて軽い袋やパッケージに分ける。

行動を提案しますか？
□ いいえ　□ はい　□ 優先

備考……………………………………………
………………………………………………

8. 資材や農産物の保管および移動に適したサイズの特別に設計された容器、パレットまたはトレイを用意する。

行動を提案しますか？
□ いいえ　□ はい　□ 優先

備考……………………………………………
………………………………………………

9. すべての容器およびパッケージに良好な取っ手または把持するための工夫を施す。

行動を提案しますか？
□ いいえ　□ はい　□ 優先

備考……………………………………………
………………………………………………

10. 資材、道具、製品の保管や移動には、可動式の収納ラックまたは車輪が付いたスタンドを使用する。

行動を提案しますか？
□ いいえ　□ はい　□ 優先

備考……………………………………………
………………………………………………

11. 重い資材を持ち上げるときは、ホイスト、ローラー、コンベアまたはその他の機械的手段を使用する。

行動を提案しますか？
□ いいえ　□ はい　□ 優先

備考……………………………………………
………………………………………………

12. 物を手で持ち運ぶときは、身体に近付ける。
行動を提案しますか？

□ いいえ　□ はい　□ 優先

備考……………………………………………
………………………………………………

13. 資材を手で移動させるときは、高さの差をなくすか、最小限に抑える。

行動を提案しますか？
□ いいえ　□ はい　□ 優先

備考……………………………………………
………………………………………………

14. 作業場での廃棄物収集のために使い勝手の良い容器またはその他の手段を考案する。

行動を提案しますか？
□ いいえ　□ はい　□ 優先

備考……………………………………………
………………………………………………

作業場と器具

15 . 頻繁に使用する器具、スイッチ、資材は簡単に手が届くところに置く。

行動を提案しますか？
□ いいえ　□ はい　□ 優先

備考……………………………………………
………………………………………………

16. それぞれの器具に「家」を与える。

行動を提案しますか？
□ いいえ　□ はい　□ 優先

備考……………………………………………
………………………………………………

17. 肘の高さもしくはそれよりちょっと低い高さで作業が行われるように作業高さを調整する。

行動を提案しますか？
□ いいえ　　□ はい　　□ 優先

備考……………………………………………
……………………………………………

18. きつい姿勢での作業を避けるために、畑の栽培様式を変更する。

行動を提案しますか？
□ いいえ　　□ はい　　□ 優先

備考……………………………………………
……………………………………………

19. 作業中はジグ、クランプあるいは他の器具を使用して物品を固定する。

行動を提案しますか？
□ いいえ　　□ はい　　□ 優先

備考……………………………………………
……………………………………………

20. 高所作業を回避するか、安定した安全な作業台を用意する。

行動を提案しますか？
□ いいえ　　□ はい　　□ 優先

備考……………………………………………
……………………………………………

21. スイッチと表示部を簡単に識別できるようにする。

行動を提案しますか？
□ いいえ　　□ はい　　□ 優先

備考……………………………………………
……………………………………………

22. 立ったり座ったりする作業姿勢を選択し、できるだけ体を曲げたりしゃがんだりする作業を避ける。

行動を提案しますか？
□ いいえ　　□ はい　　□ 優先

備考……………………………………………
……………………………………………

23. 座り作業者、および立ち作業者の時折りの着座のために、頑丈な背もたれが付いた安定した椅子や、適切な高さのベンチを用意する。

行動を提案しますか？
□ いいえ　　□ はい　　□ 優先

備考……………………………………………
……………………………………………

24. 最小限の力で操作できるツールを選択する。

行動を提案しますか？
□ いいえ　　□ はい　　□ 優先

備考……………………………………………
……………………………………………

25. 適切な摩擦がある取っ手を備えた器具を用意する。

行動を提案しますか？
□ いいえ　　□ はい　　□ 優先

備考……………………………………………
……………………………………………

26. 間違いを避けるために、わかり易いラベルや指示、記号を付ける。

行動を提案しますか？
□ いいえ　　□ はい　　□ 優先

備考……………………………………………
……………………………………………

27. さまざまな大きさの対象物を扱う作業者に高さの調整が可能な作業面を提供する。

行動を提案しますか？
□ いいえ　　□ はい　　□ 優先

備考……………………………………………
……………………………………………

28. 不安定な高所からの落下を防止するために可搬式の脚立を用意する。

行動を提案しますか？
□ いいえ　　□ はい　　□ 優先

備考……………………………………………
……………………………………………

機械の安全

29. 必要な安全ガードと予防装置が組み込まれた機械を購入する。

行動を提案しますか？
☐ いいえ　　☐ はい　　☐ 優先

備考………………………………………………
………………………………………………………

30. 機械の危険な可動部には適切なガードを取り付ける。

行動を提案しますか？
☐ いいえ　　☐ はい　　☐ 優先

備考………………………………………………
………………………………………………………

31. 危険を避け、生産量を増やすために適切な供給装置を使用する。

行動を提案しますか？
☐ いいえ　　☐ はい　　☐ 優先

備考………………………………………………
………………………………………………………

32. 圃場で機械を使用する場合は、安定した場所に設置する。

行動を提案しますか？
☐ いいえ　　☐ はい　　☐ 優先

備考………………………………………………
………………………………………………………

33. 機械を使用するときはパートナーと一緒に作業を行い、単独作業は極力避ける。

行動を提案しますか？
☐ いいえ　　☐ はい　　☐ 優先

備考………………………………………………
………………………………………………………

34. 機械がよく整備されており、壊れた箇所や不良部品がないことを確認する。

行動を提案しますか？
☐ いいえ　　☐ はい　　☐ 優先

備考………………………………………………
………………………………………………………

35. 機器や照明に電力を供給するためのコネクタが安全で確実であることを確認する。

行動を提案しますか？
☐ いいえ　　☐ はい　　☐ 優先

備考………………………………………………
………………………………………………………

36. 握り易い安定した取っ手を備えた手持ち式の動力工具を使用する。

行動を提案しますか？
☐ いいえ　　☐ はい　　☐ 優先

備考………………………………………………
………………………………………………………

37. 操作が簡単で、手を放すと自動的に停止する方式の歩行型機械を使用する。

行動を提案しますか？
☐ いいえ　　☐ はい　　☐ 優先

備考………………………………………………
………………………………………………………

38. ホイストやクレーンが指定された吊り上げ荷重制限と安全上の注意に従って操作されていることを確認する。

行動を提案しますか？
☐ いいえ　　☐ はい　　☐ 優先

備考………………………………………………
………………………………………………………

39. 偶発的な作動を防ぐために、機械の操作装置を保護する。

　　行動を提案しますか？
　　□ いいえ　　□ はい　　□ 優先

　　備考…………………………………………………
　　…………………………………………………

40. 非常停止用スイッチは見つけ易く、操作し易くする。

　　行動を提案しますか？
　　□ いいえ　　□ はい　　□ 優先

　　備考…………………………………………………
　　…………………………………………………

農耕用車両

41. 必要な安全装置を備えた、農作業のために適切に設計された農耕用車両を購入・使用する。

　　行動を提案しますか？
　　□ いいえ　　□ はい　　□ 優先

　　備考…………………………………………………
　　…………………………………………………

42. 十分な数の交通標識、ミラー、警告標識およびリフレクタを設置する。

　　行動を提案しますか？
　　□ いいえ　　□ はい　　□ 優先

　　備考…………………………………………………
　　…………………………………………………

43. 十分な講習の受講と簡易操作マニュアルにより、農耕用車両の安全な運行を確保する。

　　行動を提案しますか？
　　□ いいえ　　□ はい　　□ 優先

　　備考…………………………………………………
　　…………………………………………………

44. 移動する車両に対して適切なルートと傾斜であることを確認する。

　　行動を提案しますか？
　　□ いいえ　　□ はい　　□ 優先

　　備考…………………………………………………
　　…………………………………………………

45. キャビンと座席の安全性と快適性を高める。

　　行動を提案しますか？
　　□ いいえ　　□ はい　　□ 優先

　　備考…………………………………………………
　　…………………………………………………

46. 車両が荷物を安全に運搬できるように、適切な積載状態を確保する。

　　行動を提案しますか？
　　□ いいえ　　□ はい　　□ 優先

　　備考…………………………………………………
　　…………………………………………………

47. 作業中に車両が側方に転倒したり、後方に転倒したりしないように注意する。

　　行動を提案しますか？
　　□ いいえ　　□ はい　　□ 優先

　　備考…………………………………………………
　　…………………………………………………

48. 運転者が装着した作業機や積載物を容易に見ることができるように、車両の様々な部分を調整する。

　　行動を提案しますか？
　　□ いいえ　　□ はい　　□ 優先

　　備考…………………………………………………
　　…………………………………………………

物理的な環境

49. 高い窓や天窓を使ったり壁を明るい色で塗装したりすることによって、建物内の昼間の光の利用を増やす。

行動を提案しますか？
□ いいえ　　□ はい　　□ 優先

備考……………………………………………………
…………………………………………………………

50. 作業の種類に応じて十分な明るさを確保するために、灯りの位置を変えたり、作業灯を使用したりする。

行動を提案しますか？
□ いいえ　　□ はい　　□ 優先

備考……………………………………………………
…………………………………………………………

51. 壁や屋根に断熱材を裏打ちして、建物の断熱性を改善する。

行動を提案しますか？
□ いいえ　　□ はい　　□ 優先

備考……………………………………………………
…………………………………………………………

52. 過度の暑さ、寒さへの長時間の暴露を避ける。

行動を提案しますか？
□ いいえ　　□ はい　　□ 優先

備考……………………………………………………
…………………………………………………………

53. 屋内作業場には、開口部、窓、または出入口をより多く設け、自然換気を促進する。

行動を提案しますか？
□ いいえ　　□ はい　　□ 優先

備考……………………………………………………
…………………………………………………………

54. 酸素欠乏が起きる可能性のあるサイロや密閉された場所に入る場合は、入る前に十分な空気を供給する。

行動を提案しますか？
□ いいえ　　□ はい　　□ 優先

備考……………………………………………………
…………………………………………………………

55. 安全や健康、作業効率を向上させるために、作業者に影響を与える振動や騒音を減らす。

行動を提案しますか？
□ いいえ　　□ はい　　□ 優先

備考……………………………………………………
…………………………………………………………

56. 灰燼の発生源からの隔離と遮蔽。

行動を提案しますか？
□ いいえ　　□ はい　　□ 優先

備考……………………………………………………
…………………………………………………………

57. 局所換気の導入または改善。

行動を提案しますか？
□ いいえ　　□ はい　　□ 優先

備考……………………………………………………
…………………………………………………………

58. 簡単に手が届くところに十分な数の消火器を設置し、作業者が使い方を知っていることを確認する。

行動を提案しますか？
□ いいえ　　□ はい　　□ 優先

備考……………………………………………………
…………………………………………………………

59. 作業者に適切な個人用保護具を十分提供し、定期的に保守管理する。

行動を提案しますか？
□ いいえ　　□ はい　　□ 優先

備考……………………………………………………
…………………………………………………………

60. 作業者に害を及ぼすことがない方法で動物を扱う。

   行動を提案しますか？
   □ いいえ　　□ はい　　□ 優先

   備考……………………………………………
   …………………………………………………

61. 作業者に害を及ぼす予想できない可能性がある動物や昆虫に注意する。

   行動を提案しますか？
   □ いいえ　　□ はい　　□ 優先

   備考……………………………………………
   …………………………………………………

危険な薬品の管理

62. 殺虫剤やその他の危険な薬品全ての容器にラベルを付ける。

   行動を提案しますか？
   □ いいえ　　□ はい　　□ 優先

   備考……………………………………………
   …………………………………………………

63. すべての殺虫剤やその他の危険な薬品は、鍵がかかるコンテナやキャビネットに保管する。

   行動を提案しますか？
   □ いいえ　　□ はい　　□ 優先

   備考……………………………………………
   …………………………………………………

64. より安全な殺虫剤を選び、適切な量を使う。

   行動を提案しますか？
   □ いいえ　　□ はい　　□ 優先

   備考……………………………………………
   …………………………………………………

65. 個人用保護具の使用を必要とする殺虫剤に関連する各操作を明記する。

   行動を提案しますか？
   □ いいえ　　□ はい　　□ 優先

   備考……………………………………………
   …………………………………………………

66. 農薬の安全な使用方法など安全衛生に関する情報を収集し、農家、コミュニティに広める。

   行動を提案しますか？
   □ いいえ　　□ はい　　□ 優先

   備考……………………………………………
   …………………………………………………

環境保護

67. 使用済みの殺虫剤や薬品の容器を処分するための安全な方法を確立する。

   行動を提案しますか？
   □ いいえ　　□ はい　　□ 優先

   備考……………………………………………
   …………………………………………………

68. 廃棄物を収集し、分別する。廃棄物の量を最小限に抑えるようにリサイクルする。

   行動を提案しますか？
   □ いいえ　　□ はい　　□ 優先

   備考……………………………………………
   …………………………………………………

69. 水の使用方法を変えることによって、水の消費を減らし、環境を保護する。

   行動を提案しますか？
   □ いいえ　　□ はい　　□ 優先

   備考……………………………………………
   …………………………………………………

70. 損傷や腐敗を最小限に抑えられる方法で農産物を処理し、不要な梱包材の使用を避ける。

行動を提案しますか？
☐ いいえ　☐ はい　☐ 優先

備考……………………………………………
………………………………………………

71. 適切な害虫管理技術を促進することによって、使用する殺虫剤の量を減らす。

行動を提案しますか？
☐ いいえ　☐ はい　☐ 優先

備考……………………………………………
………………………………………………

72. 適切なバイオガス技術を利用して、人および動物の排泄物をリサイクルする。

行動を提案しますか？
☐ いいえ　☐ はい　☐ 優先

備考……………………………………………
………………………………………………

福利厚生施設

73. すべての職場で安全な飲料水や清涼飲料水を適切に供給する。

行動を提案しますか？
☐ いいえ　☐ はい　☐ 優先

備考……………………………………………
………………………………………………

74. 作業場の近くに石けんが備えられた定期的に清掃が行われるトイレと洗面所を用意する。

行動を提案しますか？
☐ いいえ　☐ はい　☐ 優先

備考……………………………………………
………………………………………………

75. 応急処置用具を常備し、応急手当の有資格者を訓練する。

行動を提案しますか？
☐ いいえ　☐ はい　☐ 優先

備考……………………………………………
………………………………………………

76. 機械や危険な薬品から子供を遠ざける。

行動を提案しますか？
☐ いいえ　☐ はい　☐ 優先

備考……………………………………………
………………………………………………

77. 畑の近くに日除けがある休憩場所を設置する。

行動を提案しますか？
☐ いいえ　☐ はい　☐ 優先

備考……………………………………………
………………………………………………

78. レクリエーション施設を設置する。

行動を提案しますか？
☐ いいえ　☐ はい　☐ 優先

備考……………………………………………
………………………………………………

79. バランスの優れた栄養を確保するために、さまざまな種類の肉、魚、野菜など、いろいろな食品を摂る。

行動を提案しますか？
☐ いいえ　☐ はい　☐ 優先

備考……………………………………………
………………………………………………

80. 疲労回復のための快適な睡眠環境を整える。

行動を提案しますか？
☐ いいえ　☐ はい　☐ 優先

備考……………………………………………
………………………………………………

家族と地域の協力

81. 経験豊富な指導者の助けを借りて重作業を行うためのグループ活動を組織する。

    行動を提案しますか？
    □ いいえ　　□ はい　　□ 優先

    備考……………………………………………
    ………………………………………………………

82. 農業と家庭の仕事の役割を分散し、家族の誰かに過度な負担をさせないようにする。

    行動を提案しますか？
    □ いいえ　　□ はい　　□ 優先

    備考……………………………………………
    ………………………………………………………

83. 高価な機械や設備を購入またはレンタルするための共同出資計画を立てる。

    行動を提案しますか？
    □ いいえ　　□ はい　　□ 優先

    備考……………………………………………
    ………………………………………………………

84. 近隣の人たちが参加する定期的な会合やグループ活動を開催し、安全衛生面を見直す機会として使う。

    行動を提案しますか？
    □ いいえ　　□ はい　　□ 優先

    備考……………………………………………
    ………………………………………………………

85. 妊娠中の女性のために特別な配慮をする。

    行動を提案しますか？
    □ いいえ　　□ はい　　□ 優先

    備考……………………………………………
    ………………………………………………………

86. 高齢の農家が安全に働くことができるように支援する。

    行動を提案しますか？
    □ いいえ　　□ はい　　□ 優先

    備考……………………………………………
    ………………………………………………………

87. 障害を持つ農業従事者が安全で効率的に作業できるように施設や設備を整備する。

    行動を提案しますか？
    □ いいえ　　□ はい　　□ 優先

    備考……………………………………………
    ………………………………………………………

88. 運動を行うグループを組織し、コミュニティ内に健康クラブを作る。

    行動を提案しますか？
    □ いいえ　　□ はい　　□ 優先

    備考……………………………………………
    ………………………………………………………

作業組織と作業日程

89. 各作業者が多様で興味深い作業を行うことができるように作業を組み合わせる。

    行動を提案しますか？
    □ いいえ　　□ はい　　□ 優先

    備考……………………………………………
    ………………………………………………………

90. 事故を記録・分析して改善策を話し合う。

    行動を提案しますか？
    □ いいえ　　□ はい　　□ 優先

    備考……………………………………………
    ………………………………………………………

91. レイアウトと操作の順番を変更して、異なる
作業場間の作業の円滑な流れを確保する。

行動を提案しますか？
□ いいえ　　□ はい　　□ 優先

備考……………………………………………
………………………………………………

92. 過度の機械的な作業を避けるために、仕事の
ローテーションやチーム作業を適切に構成する。

行動を提案しますか？
□ いいえ　　□ はい　　□ 優先

備考……………………………………………
………………………………………………

93. 重度で単調な作業が続くのを避けるために、
軽い作業と重い作業を交互に行う。

行動を提案しますか？
□ いいえ　　□ はい　　□ 優先

備考……………………………………………
………………………………………………

94. 手作業を減らすための簡単で適切な機械装置
や器具を提供する。

行動を提案しますか？
□ いいえ　　□ はい　　□ 優先

備考……………………………………………
………………………………………………

95. 畑で一人で働く農作業従事者のための緊急連
絡手段を確立する。

行動を提案しますか？
□ いいえ　　□ はい　　□ 優先

備考……………………………………………
………………………………………………

96. 出稼ぎ労働者に対して保護対策と福利厚生施
設が用意されていることを周知する。

行動を提案しますか？
□ いいえ　　□ はい　　□ 優先

備考……………………………………………
………………………………………………

97. 十分な訓練期間を含め、年間の勤務スケジュ
ールを計画する。

行動を提案しますか？
□ いいえ　　□ はい　　□ 優先

備考……………………………………………
………………………………………………

98. 標準勤務時間を設定する。超過勤務日を避け、
適切な週休日を入れる。

行動を提案しますか？
□ いいえ　　□ はい　　□ 優先

備考……………………………………………
………………………………………………

99. 特に重作業を行う場合は、定期的に短い休憩
を入れる。

行動を提案しますか？
□ いいえ　　□ はい　　□ 優先

備考……………………………………………
………………………………………………

100.特に収穫やその他の忙しい時期でも定期的な
食事の時間を確保する。

行動を提案しますか？
□ いいえ　　□ はい　　□ 優先

備考……………………………………………
………………………………………………

資材の保管と取り扱い

　農家は多くの種類の資材を保管し、取り扱わなければなりません。これらは重く、大きさや形状がまちまちです。この章では、資材の保管方法と取り扱い方法を改善するための簡単で実用的なソリューションを紹介します。それらには、資材搬送のための明確なルート、資材や材料を良好に保つための多段棚の使用、手押し台車やローラーコンベアなどの簡単な機器の使用が含まれます。これらのアイディアはすべて、生産性と効率性の改善だけでなく、安全衛生の改善に役立ちます。

チェックポイント１

人と物の移動のために輸送ルートを片付けて良好な状態に保つ。

なぜ

農産物や資材の運搬は農作業の重要な部分です。多くの農産物や材料は重い、つまり、それらの形状は様々であり、手で取り扱うのが困難な場合があります。狭くて、凸凹した、あるいは滑り易い輸送ルートにより、物資の輸送は困難になります。良好な輸送経路は、輸送の安全を確保し、農産物の損失や損傷から守ります。良好な輸送ルートは、安全かつ迅速な輸送を保証するだけでなく、農作業者の事故や怪我を防止します。

どうやって

1．輸送ルートをより広くし、良好に維持して下さい。農場や農業施設への主要な輸送ルートでは、人々、農産物、資材の双方向の移動が可能でなければなりません。

2．圃場や施設、そしてあなたの家の周辺の輸送ルートを改善し、清掃すること。雨が多い季節に泥だらけにならないようにするには、より高い、より安定した場所に通路を築き、小さな煉瓦、砕石またはセメントで簡易舗装を施すと良いでしょう。

3．経路や輸送ルートに障害物がないことを確認し、何も置かないようにする習慣を確立して下さい。保管する物、廃棄する物それぞれに適切な場所を決めて下さい。

4．もし運河や水路を農場への水路として使用する場合は、定期的に浚渫して、農産物を運ぶボートがスムーズに通行できるようにして下さい。

協力を促進する方法

主要な輸送ルートを改善するという、簡単で低コストの方法から始めます。たとえば、家の前の道、または農場に通じる輸送ルートをきれいにします。人々は輸送がより速くより安全になったことに気付くでしょう。

農業従事者、家族や隣人と協力する習慣を育んで下さい。たとえば、輸送ルートの維持と改善、運河の浚渫などを行うために定期的に一緒に作業をすることなどです。

さらなるヒント

— 輸送ルートの境界線が見え易いようにします。たとえば、小さな石やセメントでマーキングをするか、柵を建てて下さい。

— 砂利や煉瓦のかけらなどの現地で入手可能な材料を使用して、輸送ルートを徐々に改善しましょう。

覚えておくべきポイント

明確で幅広くかつ舗装された輸送ルートにより、農産物の輸送が容易になり、傷害や損傷を防ぐことができます。

図1a. 農作業者と農産物の安全な移動のための幅が広く安全な移動ルートの管理。

図1b. 果樹園や畑に通じる輸送ルートは、土を盛り上げて平らにし、農作物を運ぶ台車やトラックが作業場所まで届くように十分広くする。これにより、手作業で重いものを扱うことがなくなります。

図1c. ハイビスカスの垣根が施された、明確な広い入り口。

チェックポイント２

輸送ルート上の急な段差や穴をなくし、必要に応じて傾斜台やスロープを使用する。

なぜ

凸凹な路面や物が置かれた運搬路は、作業の流れを妨害します。輸送ルートの表面から障害物を取り除いておくことで、よりスムーズに作業を進めることができます。

急な段差や表面の穴がつまずきや事故の原因となり、貴重な農業用具や車両に損傷を与える可能性があります。これらの高さの差をなくすことで、時間とエネルギーを節約し、不要な事故を防ぐことができます。

どうやって

1．農場の施設や畑への輸送ルートの急な段差と障害を取り除く。つまずきや事故の原因となるすべての穴を埋めましょう。

2．通路と通路の境目、または通路と圃場の間に高さの差がある場合は、傾斜したルートを選ぶか、板を使用して傾斜台を形成します。このような傾斜台は、車輪付きの機器や車両の動きを円滑にします。

3．埋められた穴や急な段差をなくすために使用された板の状態は頻繁に調べ、必要に応じて修正または修復します。同時に通路または傾斜台を広げて双方向輸送を可能にする機会を作って下さい。

協力を促進する方法

障害物のない良好な輸送ルートの維持は、家族や地域社会の皆様の課題です。農家のグループは、これらのルートの定期的な保守のために自発的なイニシアティブをとることができます。この協力は、コミュニティ全体に徐々に拡大されることがあります。

経路を維持し、危険な高さの差を取り除くために、この活動を定期的なコミュニティ活動にして下さい。

さらなるヒント

— 危険な高さの違いを簡単に取り除くことができない場合は、目立つ、簡単に言葉のような警告標識を付けて下さい。

— 滑り止めフローリングパネル、滑り止め合板、正方形または丸みを帯びた滑り止め踏面、あるいは滑り止めテープを用いて、スリップの危険性を減らすために、運搬に使用する傾斜台またはスロープの表面を適切に覆って下さい。

覚えておくべきポイント

危険な段差がないように移動ルートを維持することで、安全な輸送に対して、簡単ではあるけれども重要な貢献が得られます。これには関係者全員の協力が必要です。

図2a. 建物の入り口での急な段差に対しては、小さな傾斜のスロープを付けましょう。

図2b. 傾斜台は、台車を温室に押し込むのに便利です。

図2c. スムーズな輸送を可能にするために、道路上の急な段差をなくしましょう。

図2d. 農地へのアクセスを容易にするため、緩い傾斜の小さな斜面を造りましょう。

図2e. 車両をボートに安全に積み込むために傾斜台を使用して下さい。

図2f. 農業用車両をトラックに積み込むために歩み板を使って下さい。

チェックポイント３

　川や運河、水路には、幅が十分広い安定した橋を架ける。

なぜ

　運河や水路に架けられた安全な橋は、人や農産物の効率の良い運搬に重要な物です。

　圃場や道路の脇にある小さな水路でも、適切な橋が必要です。溝を飛び越えたり、枯れ木の幹のような橋として不適切な材料を使用したりすると、事故や農産物の損傷の原因となることがあります。仮設橋に使用された角が鋭い材料も深刻な怪我に繋がる可能性があります。

　狭い、凸凹、あるいは滑り易い輸送ルートや床は、物品の容易な輸送を妨げます。農産物が失われたり、貴重な道具が壊れたり、あるいは事故を引き起こす危険性も高まります。

どうやって

１．農場や圃場につながる道や輸送ルートを確認して下さい。運河や河川だけでなく、畑や道路の端にある溝も適切に架橋されていることを確認して下さい。橋は、安定していて、農産物や機械を安全に輸送するのに十分な大きさでなければなりません。

２．より安全で強固な橋を建設して下さい。それらをより広くするように試みて下さい。運河や川の上の大きな橋にはしっかりとした手すりを追加して下さい。橋の状態を定期的に確認し、必要に応じて橋のフレームを強化して下さい。

３．橋につながるルートの段差をなくします。ルートの上には障害物がないようにします。厚板などの丈夫な材料を使用して表面を覆います。

協力を促進する方法

　同じコミュニティの農家でチームを結成し、運河や川に架かった橋を調べるときには一緒に働くよう奨励します。現地の人々で相談しておくことは、新しい橋梁が必要になったり、既存のものを改善したりするときに計画や建設に加わることができます。地域の指導者や地方自治体と協力して下さい。小さな溝の場合は、あなたがコミュニティで見いだした良い実践の例に従うように心がけて下さい。隣人と一緒に橋の腐った部分や傷んだ部分を修復します。

さらなるヒント

— 一時的に小さな橋が使用されている場合、それらが適切な材料で建設され、すべりがなく、車輪付きの道具を通過させるのに十分丈夫であることを確認して下さい。

— 運河や川の上の各橋の下のスペースは、ボートが安全に通過するのに十分な大きさでなければなりません。溝を越える橋の場合、水の流れを妨げないように、その下のスペースを適切に維持する必要があります。

覚えておくべきポイント

　安定した幅広い橋梁は、安全な交通手段を農家に提供し、人々のコミュニケーションを強化するのに役立ちます。

図3a. 川に設置された堅固な手すりを持った橋。橋の甲板は人や農産物の輸送に十分な広さです。

図3b. 小さな河川や狭い溝があるところでは、頑丈な橋が農産物の輸送を容易にします。

図3c. 広い川を横断するには、安全な輸送のために、より安全で強固な橋を建設して下さい。

チェックポイント4

資材、道具、製品を運ぶときは、台車、手押し車、その他の車輪かある機器を使用する。

なぜ

農家は毎日農場や貯蔵場の間で農産物や道具を運ぶ必要があります。台車、手押し車、車両またはボートを使用することにより、作業負荷と疲労を大幅に軽減することができます。

台車や車両に載せて農産物を運ぶことによって、農産物への損傷を最小限に抑えるばかりでなく、事故の危険性を減らすことができます。

台車、手押し車、またはその他の車両を使用すると、移動の回数を大幅に減らすことができます。これは、効率および安全性を改善するために非常に有利になります。

どうやって

1. 重い資材や多量の資材を運ぶためには、しっかりしたハンドルを備えた台車または手押し車を使用して下さい。

2. より長い距離で資材を運ぶためには、より大きな台車または車両を使用して下さい。それらが個々の製品や資材を運ぶのに適しているかを確認して下さい。

3. 運河や河川を物資の移動に活用して下さい。モーターボートは、特に非常に重い荷物や多量の荷物を運びたいときには、作業をはるかに容易にします。

4. 牛、馬、水牛、またはヤギを、資材や製品を運ぶ台車を引くために利用して下さい。

協力を促進する方法

新鮮な目であなたの村の周辺を歩き回って下さい。近隣の住民の方々と荷物の運搬について話し合って下さい。手作りの台車や手押し車のたくさんの優れた例があるはずです。労働荷重を減らしたり、安全を改善するためのアイディアの交換をしたりして下さい。

さらなるヒント

— 台車や手押し車には輸送中の農産物や資材を収納し、落下を防止するための適切なあおり板を取り付けて下さい。

— さまざまな種類の運搬作業に、さまざまな種類の台車や手押し車が使用されています。良い事例を学んで下さい。

— 台車、手押し車、車両、ボートの状態を定期的にチェックし、常に良好な状態に保ちます。簡単なメンテナンス活動は疲労を軽減し、荷物を運んでいる間の事故を防ぐのに役立ちます。

— よく管理されている輸送ルートは、資材を運搬するための台車、車両、動物の利用効率を最大限に高めます。

覚えておくべきポイント

特定の条件で重い資材を運ぶのに有効な多くの種類の機材があります。現地の経験から学ぶことができます。

図4a. 重いものや農産物を運ぶためには、台車や手押し車を使用して下さい。

図4b. 自転車を輸送手段として使用できるように改良して下さい。

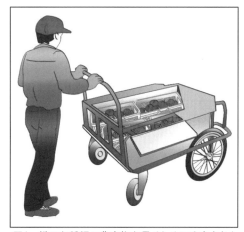

図4c. 様々な種類の農産物を運ぶために改良された台車。

図4d. 手押し車の安全な使用を確保する。

図4e. 農産物を運ぶための家畜用荷車。

チェックポイント5

　台車や手押し車の車輪が圃場内の通路でも効果的に動くために十分な大きさであることを確認する。

なぜ

　農産物やその他の資材は、ある場所から別の場所に移送する必要があります。凹凸の多いルートでの輸送時間が長くなると、製品の損傷が増える可能性があります。大きな車輪を備えた台車や手押し車は、荒れた泥だらけの陸上の路線でも動作し、輸送が簡単かつ安全に行えます。

　大きな車輪は輸送作業を容易にし、疲労を軽減します。また、事故の予防にも役立ちます。

どうやって

1．台車や手押し車の車輪をチェックします。そうでない場合は、大きな車輪を取り付けます。付属のホイールの安定性を確認して下さい。より大きなホイールはより強い固定とフレームを必要とします。

2．ゴムタイヤ輪がある場合は、それを選択します。要件を満たしている場合、自転車やオートバイの車輪がよく使われます。空気圧が過小や過大にならないようにタイヤの圧力をチェックします。正規の空気圧はタイヤの損傷を防ぐのに役立つだけでなく、凸凹なルートでも滑らかに移動するのに役立ちます。

3．車輪のサイズを変更できない場合は、押すか引くためのハンドルを台車や手押し車に取り付け、腰部の高さで容易に動かせるようにします。

4．さまざまな製品に合わせて異なるサイズの台車や手押し車を設計することで、製品を損傷から護り、かつ積み降ろしを容易にします。

協力を促進する方法

　適切なサイズの車輪を取り付ける方法について、アイディアを交換して下さい。既存の例から学んで下さい。自転車の車輪や中古の厚板など利用可能な材料を見つけて使用します。あなたやあなたの隣人の経験に基づいて、より良いデザインをお互いに相談して下さい。物理的な所要動力を最小限に抑え、損傷による腐敗から農作物を守るために、台車や手押し車を共同で設計した場合、近隣の協力体制は大幅に強化されます。

さらなるヒント

— 大きな車輪を取り付けると、台車や手押し車の高さが上がることがあります。より大きな車輪を備えた台車を使用する場合は、適切な高さの作業台が、農業者の資材の積み降ろしを助けます。

覚えておくべきポイント

　より大きく、的確に設計された車輪を備えた台車や手押し車は、凸凹でぬかるんだ圃場内の通路でも、作業者が資材を運ぶのに大いに役立ちます。

図5a. 凸凹な道では、大きい車輪の手押し車が、小さい車輪の手押し車よりも、押すのも引くのも楽にします。

図5b. 圃場内で台車を使う場合は、幅が広く、適切な空気圧で空気が入ったゴムタイヤを使って下さい。

図5c. 車輪付作業用座席を持つ快適なイチゴ収穫用台車。

チェックポイント6

作業エリアの近くに、資材、道具、製品を保管するための多段式の棚やラックを設置する。

なぜ

様々な高さの棚板がある棚はスペースを有効に活用し、農産物や農作業用具の整理整頓に役立ちます。適切な高さの棚に物を置くことで、必要なアイテムを適切な高さで簡単に見つけることができ、時間を節約できます。

農業用の手持ち工具は農家にとって必需品です。特定の場所に工具を置くことで、貴重な時間とそれを持ち上げるための労力を節約できます。

様々な高さの棚板がある棚では、事故や火災の危険性も軽減されます。保管されている物の維持管理がより容易に、安全になるからです。

どうやって

1．様々な高さの棚板を有する棚は、簡単にアクセスできる場所に設置して下さい。これらの棚を壁に取り付けることで、壁のスペースをフルに活用できます。

2．棚や容器の前にラベルを貼るか、様々なアイテムやツールの形を描いて、それぞれが保管されている場所を示します。これは捜索に要する時間を節約します。

3．重い農産物や重い物品を保管するために使用する多段の棚は、十分な強度があることを確認します。そのような棚を壁に固定するのが最善です。

4．多段の棚はキッチンでも便利です。鍋、鍋、ナイフ、スプーン、その他の食器類、調理用の材料や食材をラックにきちんと置いておくことができます。塩、砂糖、唐辛子、スパイスなどの原料用の容器には、コルク栓を付けてラベルを貼る必要があります。

協力を促進する方法

小さな改革から始めましょう。例えば、小さな道具や食材の棚は作るのが簡単です。家族の皆がその結果としての改善を見ることができます。このことは、他の家族やコミュニティのメンバーに同様のアイディアを適用するよう刺激します。重要な項目にラベルを付ける習慣を広めて下さい。人々に良い事例を交換するように促して下さい。

さらなるヒント

— 頻繁に使用されるアイテムは、腰と肩の間に置いて下さい。重く頻繁に使用されるアイテムをより低いレベルに保ちます。軽量アイテムやまれに使用されるアイテムは、頭上のスペースに保管することができます。

— 類似の品物を保管するために小さなトレイまたはパレットを使用します。これにより、必要なアイテムを簡単に見つけることができます。

— 棚の一部を移動可能にするか、または手押し車を使用します。これらを使用して、複数の場所で使用される品目（たとえば、保管室と作業室の両方）を保管することができます。

覚えておくべきポイント

様々な高さの棚板がある棚を適切に使用すると、時間を節約してスペースを節約できます。

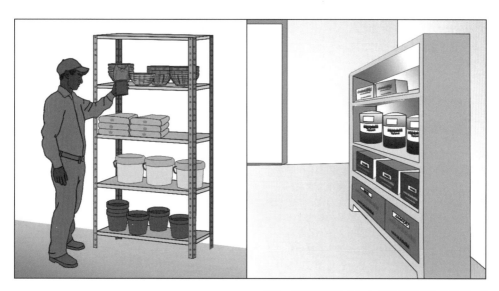

図6a. 的確に設計された多段の農産物用の棚。この棚は整然としたように見え、家や作業場の多くのスペースを節約します。

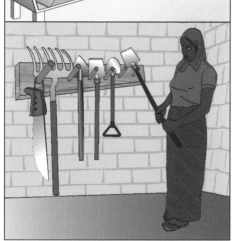

図6b. 農業用の手持ち器具や個人用の保護具は、ハンガーや多段式の棚に整然と配置します。

図6c. 小区画で仕切られたキャビネットにはスパイスと食べ物が入っており、調理器具用の棚と吊り下げ式の収納スペースは食事の準備を容易にします。

チェックポイント7

重量物を運搬するときは、それを小さくて軽い袋やパッケージに分ける。

なぜ

農家は、しばしば仕事中に様々な重い品物を運ばなければなりません。これは重労働で、しばしば危険を伴います。これらの重い荷物を小さな荷物に分けると、運搬作業がより簡単で安全になります。パッケージを運ぶことによる疲労は、軽量パッケージの場合の方が重い重量の場合よりも少なくなります。したがって、小さいパッケージを使用することで、農家はエネルギーを節約し、より生産的な作業を行うことができるようになります。

重い荷物の代わりに軽い荷物を使用することで、腰の怪我のリスクも大幅に軽減されます。

どうやって

1. 農業者が持ち運び容易な最大重量を考慮して、重い荷物をより軽量なパッケージ、容器またはトレイに分けます。例えば、10 kgの二つのパッケージは、20 kgの一つのパッケージよりもはるかに良いのです。

2. 荷物をより少ない量に分割すると、移動量が増え、同じ量を運ぶ距離が増える可能性があります。したがって、荷物が少なすぎないようにして下さい。ローラーや台車など、これらの小さな荷物を移動または運ぶのに有効な手段を使用して下さい。

3. 手押し車、台車、または可動式のラックの使用は、時間を節約するのにも役立ちます。手動輸送の場合、台車は通常、より少ない労力でより多くの荷物を輸送することができます。手での積み降ろしは、小さくて軽い荷物の場合は、さらに容易になります。

協力を促進する方法

資材や農産物を運ぶために、誰もが同じ種類と大きさの容器、バスケットまたはトレイを使用するようにして下さい。人々はこれらの使用に慣れていくと、台車や手押し車を簡単に使用できるようになります。人々に良い例を交換するように促して下さい。

さらなるヒント

— 適切な数の再利用可能な容器、トレイ、バスケットを用意して下さい。これらは荷物の輸送を容易にし、経費を節約するのに役立ちます。

— 荷物を分割したり、小さな容器を使用したりする場合は、異なる荷物や容器を区別し易いようにラベルを使用して下さい。

覚えておくべきポイント

より軽い重量はより安全な重量です。重量のあるパッケージを軽量パッケージに分けて安全性を確保し、生産性を向上させます。

図7a. 農作物を小さな袋、バスケット、または丈夫なハンドルのトレイに入れて下さい。両方の腕に重量を分けることで、あなたの仕事はより快適になります。

図7b. しっかりした取っ手を備えた大きめの荷籠（パニエ）を使用すると、2人で重い荷物を運ぶことができます。

図7c. より小さいパッケージを使用すると多くの場合、良い状態になります。積み降ろしにはさらに多くの移動を必要とすることがありますが、疲労が軽減されるでしょう。

チェックポイント8

資材や農産物の保管および移動に適したサイズの特別に設計された容器、パレットまたはトレイを用意する。

なぜ

農業で扱う資材や製品はその大きさや形が多岐に渡っています。これらを貯蔵したり運んだりするには、個々に対して設計された容器やパレット、トレイを用いることが有効です。

個々の種類の農産物のための特別な容器は、在庫の管理と在庫表の作成を簡素化します。

丈夫な取っ手が付いた同じ大きさの容器は台車や手押し車での運搬に適しています。

どうやって

1. 運搬する製品に適した容器やバスケットを使用することについては、既存の経験から学んで下さい。個々の種類の農産物や材料を運ぶのにどのような形や材料、サイズが有用かを話し合って下さい。

2. 廃棄物を出すのを避けるのに、再利用可能な容器またはトレイを提供して下さい。

3. 運搬される材料の種類によっては、特定の量を運ぶ容器、パレットまたはトレイを設定することができます。その結果、在庫の総量を示す在庫表を簡単に作成できます。

4. 可能であれば、物品の運搬と保管の両方に同じ容器、パレットまたはトレイを使用して下さい。これにより、取り扱いが簡単になり、時間が節約されます。

協力を促進する方法

他の人がすでに実践している良い例から学びましょう。 容器とパレットにはさまざまな種類があります。 同じ形状と大きさの容器を使用して、人々が材料や農産物の輸送をより良く協力できるようにして下さい。

さらなるヒント

— 特定の資材または農産物を移動または運ぶために、適切な寸法の台車、手押し車、ワゴンまたは可動式ラックを使用して下さい。個々に設計した容器とこれらを使用すると、作業がはるかに容易になり、より効率的になります。

— 個々の目的のために設計された容器、パレット、またはトレイには、適切な取っ手や把持ポイントがあることを確認して下さい。

— 特別に設計された多くの高さの棚板がある棚やラックは、使用される容器、パレットまたはトレイの効率的な保管に役立ちます。しばしば、このような棚またはラックは移動可能に設計されます。

覚えておくべきポイント

様々なサイズの個々に合わせて設計された容器、パレットまたはトレイは、資材や農産物の移動や持ち運びを容易にします。

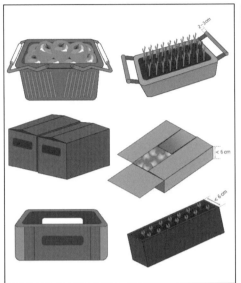

図8a. 農産物に適した容器を選択して下さい。適切な容器を使用すると、製品が損傷するのを防ぐだけでなく、作業がより快適になります。

図8b. 適切な取っ手またはハンドルを持つ容器またはバスケットを選択します。

図8c. パレットは、多くのパッケージを保管したり運んだりするために使用されます。

図8d. 多くの高さの棚板がある棚は、異なる容器やトレイを一緒に保管するのに便利です。

チェックポイント9

すべての容器およびパッケージに良好な取っ手または把持するための工夫を施す。

なぜ

良好な取っ手または適切に配置された把持ポイントは、複数の利点を有します。資材を簡単かつ安全に取り扱うのに役立ちます。あなたが運ぶ荷物に取り付けられたシンプルな取っ手により、より良好な前方視界が確保されます。

取っ手は、荷物の落下や資材の損傷を防止します。良い取っ手は作業姿勢を改善し、疲労を防ぐのに役立ちます。

荷物を頻繁にまたは遠隔地に運ぶことは、しばしば非常に重労働になります。適切な取っ手は、結果として疲労を減らし、作業をより安全にすることができます。

どうやって

1. 適切な取っ手やハンドルが付いた比較的小さいサイズの容器またはバスケットを選択します。より軽い荷重は取り扱いが容易であり、取っ手や把持点の使用をより効果的にします。

2. 取っ手や把持ポイントがない場合は、自分で取り付けます。 そのためには、最適な場所を見つけるための試験をしてみて下さい。

3. 可能であれば、荷重を小さく軽いものに分けて下さい。 これは、取っ手をより効果的に利用できることを意味します。

4. 取っ手または把持ポイントが容器またはパッケージの積み降ろしにも適していることを確認して下さい。

5. 他の農家の経験に基づいて、既存の取っ手または把持ポイントを修正して下さい。より安定で、把握し易くするなどの手段によって、既存の取っ手やハンドルを改善することも可能です。

協力を促進する方法

取っ手やハンドルは低コストで追加できることを皆に説明して下さい。あなたは、あなたの近所に適切な取っ手を使用している良い例を発見するかもしれません。

人々にそのような良いアイディアを交換するよう奨励して下さい。

さらなるヒント

— 簡単かつ安全に積み重ねられる小さな容器を選択して下さい。これにより、これらの容器の積み降ろしがずっと簡単かつ迅速になります。

— 手袋を着用したり、取っ手やハンドルを柔らかい布で包んだりすると、荷物の持ち運びが容易になることがあります。

— 取っ手を持ったときに、手首が快適でまっすぐに保たれるようにします。必要に応じて、取っ手に隣接する指を入れる穴を拡大します。

覚えておくべきポイント

掴み易い取っ手や把持ポイントは、容器やパッケージの取り扱いをより簡単で安全にします。

図9a. 使用するすべての容器に適切な取っ手を付けて下さい。

図9b. すべてのバスケットに適切な取っ手を付けて下さい。

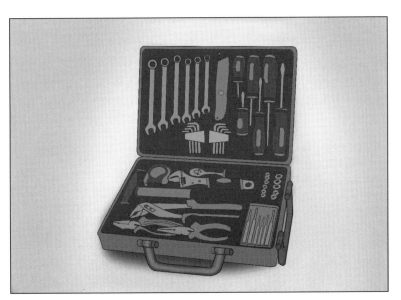

図9c. ツールボックスにハンドルを追加します。

チェックポイント10

資材、道具、製品の保管や移動には、可動式の収納ラックまたは車輪が付いたスタンドを使用する。

なぜ

一つの作業領域から次の作業領域に多くの資材を運ぶ必要があるときがしばしばあります。これらの資材を可動式のラックに置くと、多くの不必要な移動を避けることができます。

可動式のラックに作業機械を載せることで、移動の回数だけでなく、資材を持ち運ぶ作業の回数も削減されます。

資材の持ち運びのさらなる減少、作業回数の減少により、作業対象の損傷を軽減できます。

どうやって

1. ホイールが付いたラックを使用すると、同時に複数の物品を移動させることができます。積み降ろしが容易な可動式のラックを購入または設計します。

2. 資材や農作物の取り扱いに使用されるテーブルやスタンドにホイールを取り付けます。これらを使用すると物品をある作業領域から別の作業領域に移動することができるようになり、不必要な積み降ろしを回避することができます。

3. 作業エリアのレイアウトを調整し、車輪付きのラックまたはスタンドを簡単に動かせるようにします。必要に応じて、通路から障害物を取り除きます。

4. 可動式のラックに置くことができる容器、パッケージ、バッグ、バスケットを選択します。

協力を促進する方法

大量の農産物を扱う場合など、多くの同様のラックを使用する場合は、ラックを標準化して下さい。同様に、資材や農産品の移動に多くのコンテナを使用する場合は、移動ラックに簡単に配置できるように標準化して下さい。

さらなるヒント

— 運ぼうとする資材や製品のために特別に適合した可動式のラックを作ることは有効です。このようなラックを用意することは多くの労力を必要とするように見えますが、生産性の向上に非常に役立つので、価値があるといえます。

— ホイールのメンテナンスは非常に重要です。手入れが行き届いた車輪は押し引きを容易にします。

— いくつかの物品を収納することができる単純なトレイは、非常に便利です。

覚えておくべきポイント

可動式のラックは、資材の持ち運びおよび輸送時間を短縮するための重要な答えです。可動式のラックから多くを得ることができるはずです。

図10a. 可動式のラックは移動の回数を減らすことができます。

図10b. 車輪をコンテナに取り付けます。

図10c. 可動式の多段棚にコンテナを置きます。

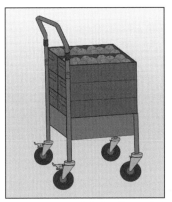

図10d. コンテナを移動可能にします。

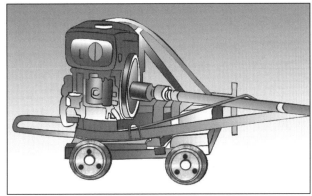

図10e. 特別なホイールを備えた装置で機械を運びます。

図10f. 廃棄物容器を運ぶために特別に設計された手押し車。

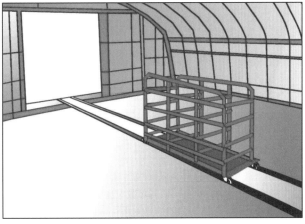

図10g. 多段棚式のワゴンを一つのルートに沿って移動させることもできます。

チェックポイント11

重い資材を持ち上げるときは、ホイスト、ローラー、コンベアまたはその他の機械的手段を使用する。

なぜ

多くの農家は、しばしば地元で入手可能な材料で作った手作りのローラーや車輪を付けた作業台を使用していました。これらのシンプルな機材は、農産物、機械、パッケージなどの重い資材を移動するのに役立ちます。コンベアの形態で配置されたローラーは、重い資材の移動が定期的にある場合に特に有用です。

高低差を橋渡しするローラーは、農家が手で持ち上げたり下げたりせずに重い資材を移動させることを可能にします。したがって、背中の痛みを引き起こしそうな厄介で重労働な曲げ姿勢を避けることができます。

さまざまな農業活動にも同様の考え方を適用することができます。例えば、重い農業機械やボートの下に置かれた木製ローラーは、それをはるかに簡単に動かします。

どうやって

1. 重い資材を短距離で移動させる場合は、ローラーコンベアを使用して下さい。材料の積み降ろしのためにローラーの両端を適切な高さの安定した位置に置きます。

2. 資材を移動させるためのローラーやホイール付きの装置を使用した既存の方法から学んで下さい。あなたの移動作業に適したローラーコンベアまたは車輪付の作業台を設計します。大きな荷重さを安全に支持できる耐久性のある材料を選択して設計して下さい。

3. 重いものを地面や通路で動かすときは、その下に置かれた木製のローラーがあなたの仕事を大きく助けるかもしれません。例としては、農業機械を田んぼに運び込むときやボートを川岸まで運ぶとき、あるいは重たいキャビネットを動かすときなどがあります。

4. 重い資材を、高さの異なる二つの場所の間で移動させるためには、傾斜ローラーコンベアを使用します。例えば、籾袋や重い荷物を保管場所から近くの台車に移動するとき、または農産物を車やボートに載せるときなどです。

協力を促進する方法

ローラーコンベアは人々のエネルギーを節約し、一緒に働く機会を提供することができます。さまざまな種類の作業にローラーコンベアを適用する方法についてのアイディアを交換し、適切なものを共同で設計して下さい。

さらなるヒント

— ローラーとコンベアはメンテナンスが必要です。ローラー、スチールベッド、ゴムベッドなどの部品はすべて定期的に点検して下さい。これは事故を防ぐために重要です。あなたのローラーまたはコンベアが携行可能な場合は、子供の手の届かない安全な場所に保管して下さい。

覚えておくべきポイント

ローラーやコンベアは、重い資材を短距離で移動させる効果的な手段を提供します。

図11a. 思い物品を載せたパレットを動かすための
油圧式ハンドリフト。

図11b. 重い荷物を効率的に持ち上げるために使用
される制御スイッチを備えた電気チェーンホイス
ト。

図11c. 重い荷物を効率的に移動または上昇させるこ
とができるフォークリフト。

図11d. 重たい物品を作業高さまで
持ち上げるための手動動力装置を
用いて下さい。

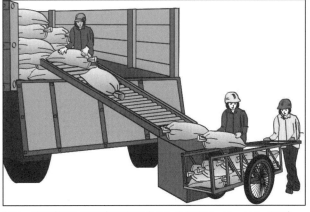

図11e. 重量物を短い距離で移動するためにはローラーコンベアを
使用して下さい。

チェックポイント12

物を手で持ち運ぶときは、身体に近づける。

なぜ

一度に運ぶ荷物の量を減らす方がよい場合もありますが、これは必ずしも可能ではありません。この場合、それぞれの荷重を体に近い位置で運ぶことで疲労を軽減し、背筋を痛める危険を減らすことができます。

体の近くで物を持つと持ち運びが容易になりますが、前方視野を確保するのにも役立ちます。これにより、効率が向上し、事故が減少します。

体に近づけて荷物を運ぶことで、腕と脚をよりよく使用できます。つまり、あなたの足の筋肉をより効果的に使用することができるのです。

どうやって

1. 重たい荷物を持ち上げたり降ろしたりするときは、荷物を体に近づけ、体の正面でゆっくり行って下さい。

2. 重い荷物を持ち上げるときは、背筋ではなく、足の筋肉を利用し、背中はまっすぐに保って下さい。これは、荷物をあなたの体の前の近くで運ぶときに、より簡単に行えます。

3. 運ばれる荷物には、ハンドルや取っ手または良好な把持ポイントを付けて下さい。繰り返しになりますが、荷物にできるだけ近づき、荷物をしっかりと体に近づけて持ち上げて下さい。

4. 荷物が重い場合は、荷物を持ち上げる前に、荷物をより小さくて軽い荷物に分けることができるかどうかをまず検討して下さい。

協力を促進する方法

荷物を小さくすることが有用であるかどうかについて話し合って下さい。持ち易い容器やパッケージを使用すると、これらの荷物の持ち運びに役立ちます。

小さな荷物に分けることができない重い荷物は、2人あるいはそれ以上の人に荷物を運ぶのを助けてもらいましょう。また、運搬用の車を近隣の農家と共有して使用することも検討して下さい。

さらなるヒント

— 持ち運ぶ荷物の昇降動作を最小限に抑えて作業ができるように運搬作業をアレンジして下さい。多くの場合、適切な高さの作業台または台を使用してこれを行います。

— 移動中は、荷物を腰の近くに保って下さい。これは、あなたの姿勢を安定した状態で保持するのに役立ちます。

— 農家は、地元の習慣もあって、そのサイズと重量、肩、頭または背中に荷重をかけることを好むかもしれません。荷物をより簡単に運ぶための別の方法を見つけることを試みて下さい。しばしば持ち運びが容易な容器または袋が役立つことがあります。

覚えておくべきポイント

手動での持ち運びが不可避な場合は、荷物を体の近くで持ち上げて運んで下さい。これにより、疲労や怪我の危険性が減ります。

図12a. 荷物を体に近づけて下さい。運び始める前に荷物を可能な限り近づけておくが重要です。

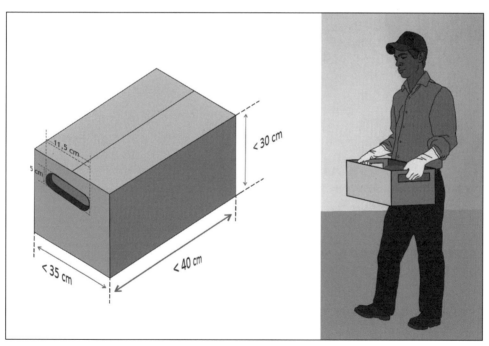

図12b. 切り抜きタイプの持ち手は非常に便利です。箱や容器を身体の前に持ち運ぶことができるように、これらの持ち手の位置を調整します。

チェックポイント13

資材を手で移動させるときは、高さ差をなくすか、最小限に抑える。

なぜ

資材や農産物の手作業による輸送には時間と労力がかかり、しばしば損傷を引き起こします。事故は、積荷が落ちたとき、または荷物を運んでいる作業者がころんだりつまずいたりしたときに起こります。これらの問題は、昇降動作を最小限に抑えることによって、大幅に低減することができます。

荷物の昇降を避けることで、疲労を軽減し、製品の損傷を最小限に抑えることができます。

重い荷物を持ち上げることは、最もきついタイプの仕事であり、背中の怪我の大きな原因です。持ち上げ動作を避けることで、怪我の危険性を減らすこともできます。

どうやって

1．一つの作業エリアから別の作業エリアに資材または農作物を移動する場合は、同じ高さの作業面間で移動します。

2．資材や農産物を作業台や台に置き、移動時の高低差を減らします。

3．高さを変えずに資材や製品を移動することができる輸送車両、または移動ラックを使用して下さい。たとえば、作業台と同じ高さのローラーまたはワゴンを使用するなどです。

4．最小の高低差で荷積み降ろしを行うことができるように、車両の荷台の床面と載荷エリアの高さを合わせて下さい。

協力を促進する方法

重い資材や製品の輸送を共同で計画するように心がけて下さい。可能な限り同じ高さで移動または持ち歩く方法を模索して下さい。これは、車両への積み降ろし時や製品の梱包時にも有効です。

移動する資材の高さを調整できる機械式昇降装置を購入して下さい。例えば、リフト台車、ローラー、コンベアなどです。

さらなるヒント

— 異なる台または作業テーブル間で資材や農産物を移動するときは、これらを互いに接近させて配置します。このとき、同じ高さの物を移動する方が簡単です。

— リフト台車、ローラー、コンベアはメンテナンスが必要です。定期的にすべての部品を点検して下さい。

— 大きな物を地面に置いた場合は、天秤棒や大袋、または高さが低いパレット運搬用のワゴンを使用して、できるだけ低い高さで運んで下さい。

覚えておくべきポイント

資材や農産物は同じ作業高さで移動させる。機械装置を使用して作業高さまで昇降させる。

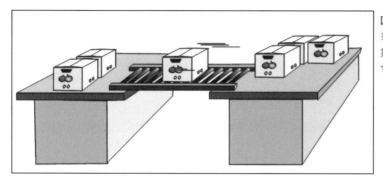

図13a. 作業面の高低差をなくし、これらの作業面を互いに近づけます。

図13b. リフト台車の表面と作業台の高さの差を最小限に抑えます。

図13c. 異なる作業者の作業面間の高さの差をなくすか最小限に抑えます。これにより、物品の持ち上げと下降が最小限に抑えられます。

チェックポイント14

作業場での廃棄物収集のために使い勝手の良い容器やその他の手段を考案する。

なぜ

廃棄物は資材の損失と作業の円滑な流れの妨げになるだけでなく、事故の大きな原因でもあります。これらは、廃棄物容器を導入することによって回避することができます。

使い勝手が良い場所に廃棄物容器を用意することなく、適切な整理整頓は困難です。

使い勝手が良い場所に置かれ、空にし易い廃棄物容器は、フリースペースを作り、清掃作業を減らすのに役立ちます。

どうやって

1. 現地の資材や再利用の空き箱を使用して、異なった種類の廃棄物に適した廃棄物容器を作ります。

2. 作業エリアの近くに十分な数の廃棄物容器を置きます。

3. 固形廃棄物用ボックス、液体廃棄物用の密閉容器、長尺物用の台など、資材または農産物の種類に応じて適切な廃棄物容器を選択します。

4. 近所の農家が職場で廃棄物を収集する良い習慣から学んで下さい。

協力を促進する方法

適切な廃棄物容器は、どの農場にとっても非常に重要です。廃棄物容器の設置場所を協議し、廃棄物の種類に応じて異なるサイズの容器を用意して下さい。

できるだけ多くの廃棄物をリサイクルする適切な方法を見つけて下さい。あなたの仲間の農家または良い例から学んで下さい。

適切な期間で廃棄物容器を空にする最善の方法については、近隣の農家と相談して下さい。同じ地区の人々の間で空にする作業を順番で担当して下さい。

さらなるヒント

— 労働者の各グループが廃棄物の場所を見つけることができるように、各作業場に単純なプラスティック容器を設置しましょう。

— 異なる種類の廃棄物または異なる供給源からの廃棄物は別々の容器にする。これはリサイクルに役立ちます。

— 清掃がし易いように廃棄物容器の下に車輪を設置して下さい。

覚えておくべきポイント

適切な整理整頓を維持するには、廃棄物容器を適切な場所に配置する必要があります。こうして貯蔵された廃棄物はリサイクルすることができます。

図14a. 使い勝手が良く、空にし易い
場所に廃棄物容器を設置する。

図14b. 作業エリアの近くに廃棄物容器を
設置し、農作業者が自分たちの作業で出
た廃棄物を入れ易くする。

作業場と器具

　農家とその家族は、農場と自分たちの家の両方で働きます。彼らは農産物を分別して梱包しなければならず、また家庭で料理やその他の家事をしなければなりません。農家はこれらの仕事に適した作業場と器具を必要とします。適切に設計された作業場は、背中、首、腕、脚の痛みを防ぎ、作業効率を向上させます。この章では、最良の作業場および作業器具の設計に役立つ実践的な手法を取り上げます。アイディアには、適切な作業高さ、安定した椅子と作業台、きつい作業姿勢を避けるための手段、および使う力を軽減するための器具が含まれます。これらの改良はすべて低コストで可能です。

チェックポイント15

頻繁に使用する器具、スイッチ、資材は簡単に手が届くところに置く。

なぜ

頻繁に使用する器具や資材を簡単に手が届くところに置くことで、不必要な動きを最小限に抑えます。これにより、前方への伸ばしや曲げなどのきつい作業姿勢を回避し、時間とエネルギーが節約されます。

「簡単に届く原理」はあらゆる種類の器具や資材に適用できます。ナイフ、鍬、鎌などの農業用具は簡単に手の届くところに置いて下さい。家庭では、調理に使用する道具、スパイス瓶、ボトルなどの物にも同じ原則が役に立ちます。電源スイッチや調整用つまみも便利な場所に設置して下さい。これらのすべての配置は、最小限の労力で作業を完了するのに役立ちます。

どうやって

1. まず、簡単に手が届く範囲に設置されるべき、最も頻繁に使用される資材と器具を選択して下さい。この選択をするときは、あなたの農場とあなたの家の両方のニーズを考慮して下さい。

2. これらの道具や資材を手の届くところに置きます。他の器具や資材を適切な保管場所に移動して下さい。

3. 必要に応じて、簡単に手の届く範囲に置くべき器具や資材を置くために、棚、ラック、ハンガーを使用して下さい。

4. ホッチキス、はさみ、ナイフ、ハンマー、飲料水用の容器など、現場でよく使用する作業用具やハンドツールは簡単に手が届く範囲に置いて下さい。あなたが働いている間に、それらを持ち歩くための特別なベルトやバッグをデザインして下さい。

5. ポンプ、脱穀機、その他の農業機械の表示器とコントロールパネルを見易い場所に配置して下さい。

協力を促進する方法

頻繁に使用する資材や器具を容易に手が届く範囲に置いて下さい。あなたの村から良い事例を収集して下さい。スパイス瓶、鍋掛け、工具ハンガー、靴箱などの家庭用資材、ナイフや鍬などの農業用具などの特殊なニーズを考慮して下さい。あなたの隣人と地域の知恵を分かち合って下さい。地域の資源を活用して、お互いが助け合って革新的な解決策を開発できるようにして下さい。

さらなるヒント

— 棚や資材コンテナは、頻繁に使用される材料を簡単に手の届く場所に整然と保つのに役立ちます。

覚えておくべきポイント

器具、スイッチ、資材を簡単に手が届く範囲に置くことで、時間とエネルギーを節約できます。

図15a. 簡単に手の届く範囲内で、作業エリアの近くに、器具収納キャビネットを設置します。

図15b. 生の製品や資材が入った荷籠を簡単に手が届く範囲に置いて下さい。

図15c. 主婦の手の届く範囲に鍋掛けを固定しましょう。頻繁に使用する物品を簡単に手が届く範囲にし、他はより高い位置にします。

図15d. 農産物の収納籠に簡単に手が届く範囲に置かれた、うまく設計された可動式作業台車。

チェックポイント16

それぞれの器具に「家」を与える。

なぜ

器具や道具が床の周りに散在している煩雑な作業場を見たことがあると思います。あなたはそれを見てどのように感じましたか。そうした作業場は安全ではなく、効率的ではありません。貴重な、しばしば高価な器具や道具が簡単に壊れる可能性があります。 紛失した工具の捜索には、多くの時間と労力が浪費されます。見つからなかった場合には失望し、あなたのストレスと緊張も高まるでしょう。

それぞれの器具に「家」を与えることは、安全性と効率性を向上させるシンプルで効果的な解決策であり、どの器具がまだ戻ってないかを一目で確認することができます。それぞれの器具は、使用後に指定の位置に戻す必要があります。作業の終わりに、すべての器具が「家」に戻っているかどうかを素早く知ることができます。

どうやって

1．多くの農家は、竹や木材を使って、農業用具や調理用具のための簡単な「家」を作ってきました。ナイフ、鎌、鉈鎌、その他の道具を順番に掛けることができます。

2．器具ボード上にラベルを貼るか、またはそれぞれの工具の形を描き、すべての物品が何処に置かれるかを示します。一目で、何処に器具を返すべきかを誰もが知ることができます。このような工夫は管理に向いています。

3．場所から場所への移動が多い作業では、工具を入れるために良い取っ手が付いた木製の箱を用います。器具を順番に並べ、各種類の図形をボックスの前面に描きます。

4．多くの工具を所有している場合は、保管用のキャビネットを用意します。ラベルを貼るか、または図形を描いて、それぞれの器具が何処に配置されるかを示します。

5．小さな工具や作業品については特殊なビンやトレイに入れ、ラベルを付けて紛失しないようにします。

協力を促進する方法

まず、簡単で即効性のある活動から始めましょう。竹製の工具ハンガーや工具形状の図面など、多くの実用的なやり方があります。それぞれの器具に家を与えるというアイディアは、建家の維持管理にも役立ちます。あなたの家族からアイディアを募り、目に見える成果を共有して下さい。

さらなるヒント

— 工具キャビネットまたはラックに車輪を取り付けます。そうすれば、必要に応じてさまざまな作業現場に移動することができます。

覚えておくべきポイント

それぞれの器具に「家」を与えることは、作業の安全性、健康、効率を改善するための低コストの方法です。

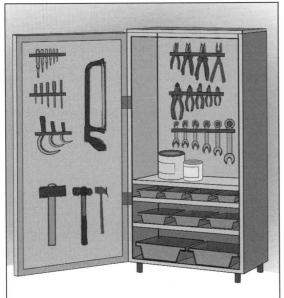

図16a. シンプルなツ器具収納用キャビネット。ペンチ、ハンマー、鎌などの工具は両側に吊り下げられており、区別が容易です。器具には明確な印やラベルが付けられているため、必要な器具を簡単に見つけることができます。

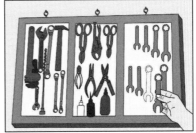

図16b. 器具を掛けるハンガーを取り付けには、木製のボードを使用して下さい。それぞれの器具の形状を明確に分かり易く記して下さい。

図16c. 可動式のツール台車は、農家がさまざまな職場で円滑な作業手順を確保するのに役立ちます。

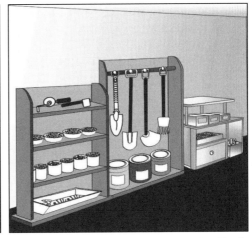

図16d. 農業用具を保持する多段棚。小さな工具や作業品を特別なビンやトレイに明瞭なラベルを付けて保管して下さい。

チェックポイント17

肘の高さもしくはそれよりちょっと低い高さで作業が行われるように作業高さを調整する。

なぜ

農産品の選別や包装などの様々な農作業には、適切に設計された作業場が必要です。筋肉の緊張と痛みを防ぐことで、作業効率が向上します。良い作業場は、調理や洗濯などの家事作業を簡素化することもできます。

肘の高さでの作業は、あなたの筋肉負担を最小限に抑えます。このルールは、立位姿勢と座位姿勢の両方に適用されます。作業面を肘の高さに調整するか、肘の高さよりもわずかに低く調整します。作業を快適に行うことができ、効率と生産性が大幅に向上します。

肘の高さよりも低い高さで作業すると、体の胴を曲げる必要があります。この姿勢は背中にひずみを与え、背下部の痛みを引き起こす可能性があります。作業台が肘の高さよりも高い場合は、腕と肩を高く保つ必要があります。これは徐々に凝りと痛みを引き起こし、仕事を続けることが難しいことになります。

どうやって

1. 自宅の作業場、作業台、調理場を見て下さい。それらの高さを肘の高さに調整して下さい。

2. 作業場の高さを最も頻度の高い使用者の高さに調整します。

3. 一つの作業場を多くの農家が一緒に使うことがあるかもしれません。背が低い農家は足下に作業台を使用し、背の高い作業者には作業高さを肘の高さに調整できる台を使用します。

4. 製品の切断や工具の修理など、特に大きな力を必要とする場合は、肘の高さよりもわずかに低い作業場を選択します。

協力を促進する方法

多くの農家は、畑での生産物の仕分けや梱包の際には地面にしゃがみ込んでいます。この姿勢は体の緊張と痛みの原因となります。あなたの友人や隣人が適切な作業台（椅子とテーブル）を使用し、肘の高さに調整するように奨励して下さい。あなたの家事にも同じ原則を適用することができます。家族と話し合い、適切な作業台を使用するようにして下さい。変更後、一緒にメリットを評価して下さい。

さらなるヒント

— あなたの自然な立位の姿勢から簡単に植物や製品に手が届くことを確認して下さい。工具や容器は容易に手の届くところに置いて下さい。

覚えておくべきポイント

姿勢の屈曲やしゃがみ込みを避けるための配置は、痛みや疲労を大幅に軽減し、生産性を向上させます。

図17a. 実行する作業に合わせて作業高さを調整します。

図17b. 作業場を多くの農家が一緒に使用する必要がある場合は、背が低い方のために足場を使用します。

図17c. 激しい屈曲姿勢を可能な限り避けるように、現場での栽培様式を変更して下さい。

図17d. あなたの肘の高さに対応する安定した足場を使用して作業高さを調整します。

図17e. 作業に大きな力が必要な場合は、肘の高さよりわずかに低い作業高さを選択して下さい。

チェックポイント18

きつい姿勢での作業を避けるために、畑の栽培様式を変更する。

なぜ

現場での農作業はほとんどの場合地面の高さで行われます。これは、農作業者が前向きに体を曲げるか、またはしゃがみ込むことを必要とします。仕事は通常、長時間がかかるので、農作業者は腰痛と脚の筋肉疲労をすぐに感じることになります。これらの痛みおよび疲労は、姿勢の屈曲またはしゃがみ込みを回避するための手段を導入すれば、防止、または、軽減することができます。

自然な立った姿勢で、または低い椅子に座った姿勢で、農作業を行うためのさまざまな新しい方法があります。これらのやり方は、畝や畝溝の変化、または栽培されている作物の栽培方法に関係します。不自然な姿勢を避けることによって、農家は痛みや疲労を防ぐだけでなく、生産性を向上させることができます。こうした新しいやり方の多くは低コストで実施されています。農家の新しいアイディアから学ぶことは有益です。

どうやって

1. 長めの柄を持つ農具に交換する。その結果、での作業が自然な立位姿勢で行うことができます。作業を容易にするために掴み易いハンドルを取り付ける。

2. 仕立てを変えて、肘の高さで作物や農産物を取り扱うことができるようにします。それには、畝や栽培様式に関して特別な仕立て方が必要になるでしょう。

3. 作物のための特別な仕立て方を提供して下さい。自然な立位姿勢で農作業や収穫ができるように高さを調整します。

4. 作物や農産物の取り扱いに適した作業台を提供する。作業高さを肘の高さに調整します。背の低い作業者には足場が有効です。

5. 地面に近いところで栽培されている農作物の処理には、可動式シートを使用します。農産物用のコンテナは、モバイルシートの近くに置くことができます。

協力を促進する方法

肘のレベルで農業を可能にする新しい仕立て方を導入している農場を訪れて下さい。農作業の内容、仕事の効率と疲れの変化について尋ねて下さい。あなたが栽培している作物にどのような仕立て方が最も適しているかを話し合って下さい。経験豊富な農家や地元の農業センターと、自分の農場での新しい仕立て方の設計について話し合って下さい。必要な仕立て方の製作について、費用対効果の高い方法を見つけて下さい。

さらなるヒント

— あなたが自然に立った姿勢で作物や農作物に簡単に手が届くことを確認して下さい。器具や容器も簡単に届くところに置くべきです。

覚えておくべきポイント

かがみ込んだりしゃがみ込んだりする姿勢を排除した仕立て方にすることで、痛みや疲労が劇的に減り、生産性が向上します。

図18a. 農作物を収穫して運ぶ際に背中を曲げる姿勢が避けられるように、栽培作物のための簡単な仕組みを提供しましょう。

図18b. 作業台とワゴンの配置を考えて、曲げたり捻ったりすることなく作業を行います。

図18d. 長めの柄と握り易いハンドルを備えた農具を使用すると、地面での作業が自然な立位姿勢で簡単に行えるようになります。

図18c. 肘の高さで農作業ができるように仕立てます。これは、栽培期間中、激しい曲げ姿勢を避けることができるので、費用対効果に優れています。

チェックポイント19

作業中はジグやクランプあるいは他の器具を使用して物品を固定する。

なぜ

作業対象物の保持に手を使用すると、安全上および健康上のリスクが高まります。たとえば、材料を切断するときに手が危険にさらされる可能性があります。前方に深く曲げながら作業しなければならないかもしれません。工作物から手が滑ると、怪我をしたり、製品に損傷を与えたり、時間を浪費することになります。

ジグ、クランプなどの固定用器具を使用することで、さまざまなサイズの作業対象物を着実に保持することができます。そうすることで、あなたの両手は必要な操作のために自由となり、あなたの作業はより迅速かつより安全に進捗することができます。

どうやって

1. 作業対象物を保持するのに使い勝手が良いジグやクランプを設計して使用します。それらは、農作業機械、ポンプ、車輪またはそれらのハブの部品や構成品を修理する際にそれらを固定するのに特に有用です。

2. ジグまたはクランプを作業面またはテーブルにしっかりと固定し、肘の高さまたはそれ以下の高さで作業できるように高さを調整します。

協力を促進する方法

ジグやクランプは現地で作ることも、リーズナブルな価格で購入することもできます。材料を切ったり、機械を修理したりするときに、村人の間で固定器具を使用する習慣を促進します。良い解決策を見つけ、経験の交換を促進します。

さらなるヒント

— 作業対象物が固定用の器具やクランプによって十分な強度で固定されるように、固定する力を調整することが重要です。

— クランプの鋭利なエッジを手で傷つけないようにして下さい。

覚えておくべきポイント

シンプルな固定用器具は、作業中の快適性と安全性を大幅に向上させます。

図19a. 木材の平面仕上げをするために木製の固定器具を使用します。

図19b. ジグやクランプを使用することにより、両手が自由に使えるようになり生産的に作業することができます。

図19c. 修理またはメンテナンスのためにホイールハブまたは車軸を取り外すときは、ホイールハブまたは車軸を固定するための固定用器具を使用して下さい。

チェックポイント20

高所作業を回避するか、安全な安定した作業台を用意する。

なぜ

農作業は、高架の作業台や構造物上で行われることがよくあります。高所での作業は、落下の危険、つまり重大な怪我や死亡事故につながる可能性があることを意味します。落下事故を防止するために最大の注意を払わなければなりません。

可能であれば、高所での作業は避けて下さい。それが不可能な場合は、転落防止の対策がなされた良い作業台を用いて、高所で作業するための安全な足場を提供することが不可欠です。そこへ到達するまでのルートも安全でなければなりません。転落からの保護はまた、作業をより信頼性が高い効率的なものにします。

地上2m以上の高さで作業する場合は、安全ベルトと転落に対する予防措置が不可欠です。

どうやって

1. 高所で行われる作業のための安全で安定した作業台を提供して下さい。経験豊富な人から助言を受けて作業台が安全であることを確認して下さい。

2. 安定したガードレールを作業台に取り付け、そこからの転落を防止します。

3. 長い柄が付いた道具や作物の高さを制限するなど、簡単な栽培様式の変更で高所作業を回避するための費用対効果の高い方法があります。

4. 高所に登るためにはしごを使用するときは、はしごの滑りを防止するために、しっかりと紐で結んだり、他の方法で固定したりして下さい。

5. 指定された高さ（例えば規制によって2m以上）を超える高所で働く労働者が、安定した構造物にしっかりと接続された安全ベルトまたはハーネスを着用していることを確認します。

6. 足場の脱落を防ぐために、高所作業台や足場への荷重の積み重ね方や載せ方に関する安全な方法を確立して下さい。

協力を促進する方法

隣人と一緒に高所で行われた農作業を特定します。この仕事を回避することができるか、少なくとも満足に保護されているかどうかについては、共同して話し合って下さい。長い柄が付いた器具、昇降台車、作物の高さを変更するなど、高所での作業を避けるための代替手段を検討して下さい。ディスカッションを通して、落下の危険に対して安全装置が提供されていることを確認して下さい。

さらなるヒント

— 悪天候のときは高所作業しないで下さい。

— 必要に応じて、転落によるけがを防ぐためにセーフティネットを立てて下さい。

覚えておくべきポイント

安全な作業台、適切なガード、安全ベルトを提供することにより、重大な転落事故を防止します。より安全な作業は生産性の向上を意味します。

図20a. しばしば、簡単な段取りにより、高所作業台上での作業を地上レベルでの安全な作業に置き換えることができます。

図20b. 適切な保護柵を備えた機械式の昇降作業台は、リスクを最小化し、効率を高めるのに役立ちます。

チェックポイント21

スイッチと表示部を簡単に識別できるようにする。

なぜ

スイッチと表示部が似ていると、人々は簡単に間違いを犯す可能性があります。これは、例えば、それらの位置、形または色によって、互いに識別し易くすることによって避けることができます。識別が容易なスイッチと表示部は、事故を防止し、作業効率を向上させます。

さまざまなスイッチや表示部は、適切なラベルで簡単に識別できます。これは、仕事をより安全で生産的にする典型的な低コストの方法です。

どうやって

1. さまざまなスイッチや表示部に異なる位置、サイズ、形状、または色を使用します。

2. 系統的な色分けを使用して、異なるタイプのスイッチまたは表示部を識別できるようにします。

3. 操作または作業プロセスのタイプまたは機能を示すラベルを、対応するスイッチまたは表示部の近くに貼ります。

4. ラベル内の文字と数字を遠く離れても簡単に読むことができる大きさにします。

5. 緊急スイッチの色は赤とし、それらがはっきりと目に見え、手が届き易いものにします。

6. 最も重要なスイッチと表示部は見易く、通常の作業位置から届く場所に配置します。

協力を促進する方法

混乱の原因となる可能性が高いスイッチや表示部の種類について、家族や隣人と話し合って下さい。これらのスイッチや表示部に色とラベルを貼り付け、それらを識別するのに最適な色を決めて下さい。さまざまなスイッチや表示部がその目的や機能によって容易に識別できるように、ラベルを改善します。

さらなるヒント

— 色の数を3つ以下に制限して、人々が間違いなく識別するのを助けます。

— ラベルは、明瞭に見えせすれば、操作機器の上、下、または横の何処でも構いません。

— 最も重要なスイッチや表示部の周りに、はっきりと見える線で囲って下さい。

覚えておくべきポイント

色や読み易いラベルを使用すると、スイッチや表示部を簡単に識別することができます。

図21a. 主スイッチと緊急スイッチを識別できるようにして操作し易くして下さい。

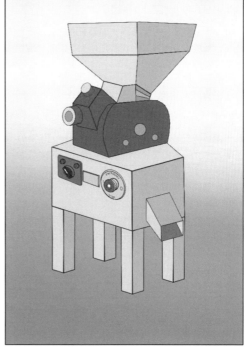

図21b. スイッチは手が届きやすく、操作し易いように配置して下さい。

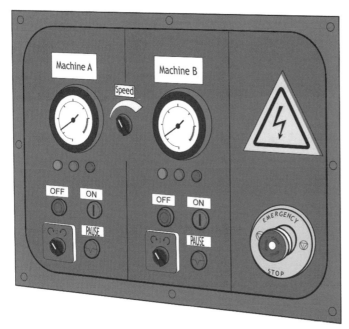

図21c. さまざまな色とラベルを簡単に読み取ることで、スイッチを簡単に識別することができます。

チェックポイント22

立ったり座ったりする作業姿勢を選択し、できるだけ体を曲げたりしゃがんだりする作業を避ける。

なぜ

作業中は立ったり座ったりして下さい。作業の姿勢を変えることで、作業の後のある部位の筋肉を休ませることができ、過労を避けることが出来ます。筋肉の疲労を避けることが出来、作業の質が向上します。

一つの作業姿勢を続けることは重労働です。立った姿勢を続けるとすねやもも、背中の痛みを引き起こし、後には体全体に影響します。長い時間の座った姿勢は、下背筋の負担を増大させ、下背筋の痛みを引き起こします。

特に重要なことは、前かがみやしゃがむ姿勢といったきつい作業姿勢を回避することです。これらの姿勢は背中に負担をかけ、痛みを引き起こし、間違いや事故を起こし易くします。作業中に頻繁に姿勢を変えることは、こうした負担と痛みを防ぐのに役立ちます。

どうやって

1. あなたの作業位置に近い椅子または腰掛けを提供して下さい。

2. 一人の作業者が行った仕事の仕方を変えることで、個々の人の仕事の姿勢を変えましょう。

3. 作業中の前かがみ姿勢を最小限に抑えます。

協力を促進する方法

隣人との実践的な解決策のアイディアや経験を交換して下さい。隣人と仕事の内容を変えたり、一人できつい姿勢の作業をするのを回避したりするために、近隣の人達と一緒に仕事をする機会を見つけましょう。例えば、稲を収穫する際に、あなたとあなたの隣人は、米を刈る仕事と、米の束を運ぶ仕事を交互に行うことができます。一緒に働いて、それから効果を評価して下さい。

さらなるヒント

— 腰掛けや椅子は、サイズが適切であり、持ち運び可能でなければなりません。大きくて重い腰掛けはあなたの作業に支障をきたすことがあります。

— 立ったり座ったりするのを交互に行うことが難しい場合は、常に座って作業をしている人は、立って作業をしている人に椅子を提供し、座り作業をしている作業者は、立っている間に二次的な仕事を行うことができる追加のスペースを提供して下さい。

覚えておくべきポイント

一つの作業姿勢を長く続けることはあなたの健康に良くありません。快適で効率の良い作業のために、立ったり座ったりを交互にする方法を見つけて下さい。

図22a. 作業場の近くに椅子や腰掛け
を設置して下さい。作業者は立ち姿
勢から、もたれかかるだけで腰掛け
に座ることができるからです。

図22b. 立つことと座ること
を交互にするための作業方
法を選択して下さい。

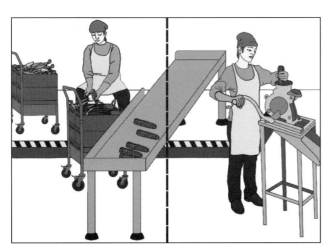

図22c. 可能であれば、低い座位姿
勢に取って代わるために、肘の高
さで行える立位作業を設定して下
さい。

チェックポイント23

　座り作業者、および立ち作業者の時折りの着座のために、丈夫な背もたれが付いた安定した椅子や適切な高さのベンチを用意する。

なぜ

　農作業者には、座っている間に行う必要がある多くの仕事があります。頑丈な背もたれを備えた適切な椅子やベンチは作業をはるかに簡単にします。バックレストに腰を寄りかからせることで背筋をリラックスさせることができます。

　座っている姿勢は立っているよりも快適に思えるかもしれませんが、長い間座っていると、背中に緊張や痛みを引き起こす可能性があります。背もたれは、ときどき背中の筋肉を弛緩させ、疲れを軽減し、仕事の満足度を高めます。

どうやって

1．あなたの村を歩き回って下さい。座ってやっている仕事や座ってやった方がいい仕事を見つけて下さい。農作業者が使うために適した椅子の種類を見つけ出して下さい。

2．着座した農作業者のための椅子に、丈夫で適切な背もたれを取り付けて下さい。

3．ベンチには背もたれが取り付けられていなければなりません。肘かけと背もたれ付きの木製または竹のベンチは、農産物の選別や種子集めなどのグループ作業に役立ちます。

4．作業面の高さを個々の作業者の肘の高さに合わせます。

協力を促進する方法

　背もたれ付きの椅子はそれほど費用を要しません。あなたはこの視点であなたの村に多くの良い既存の例を見つけるでしょう。これらの例から学んで下さい。背もたれ付の椅子がどのように使われているか、どのように作られているか、何で作られているか。その後、他の村人に背もたれ付きの椅子を宣伝し続けて下さい。揺れ易い椅子の修理や頑丈な背もたれの取り付けなど、入手できる現地の素材を使用して簡単な行動から始めて下さい。座って働くときに、あなたの隣人が背もたれを備えた椅子を使用する習慣を身に付けるように促して下さい。

さらなるヒント

— 肘掛けは、腕の位置を維持しなければならない精密作業にも役立ちます。

— 背もたれのある椅子は、頻繁な体の動きを必要とする作業には最適ではないかもしれません。その場合は、背もたれのない簡単な椅子を使用して下さい。

— 長時間の着座が必要な場合は、腰の後ろにクッションまたは丸い枕を使用して下さい。背中の負担を軽減するのに役立ちます。

覚えておくべきポイント

　頑丈な背もたれが付いた適切な椅子を使用すると、作業の質が向上します。

図23a. 農産物の選別や包装を行う農家のために、丈夫な背もたれを備えた安定した椅子を選んで下さい。

図23b. 苗の植え付けや農産物の選別など、通常地上べたで行われる作業を、作業面を変更して肘の高さにすれば座位で行うことができます。背もたれの付いた座り心地の良い椅子を使って下さい。

図23c. 注意と集中が必要な作業のための適切な座り姿勢は、肘の高さ以下のテーブル高さ、背もたれのある丈夫な椅子によって確保されます。

チェックポイント24

最小限の力で操作できるツールを選択する。

なぜ

　良く設計された適切な器具は、作業負荷を大幅に削減し、生産性を向上させます。多くの場合、器具には微妙な動きが必要です。軽い疲れでさえ、良い仕事の成果を妨げる可能性があります。重い、かさばる手持ち器具を使用すると、より簡単に疲労し、効率が低下したり、事故が発生したりすることがあります。

　農家が幅広く必要とする手持ち器具は、作業に大きく依存しています。稲刈りや果物の収穫には、良い持ち手が付いた鋭利なナイフが必要です。接ぎ木や間引きは精密作業であり、工具使用の精度が必要です。枝の接ぎ木や間引きの作業は器具の使用でも精度が必要な緻密な作業です。対照的に、打撃や粉砕、切断にはより大きな力が必要です。これらの仕事には、丈夫な取っ手が必要です。

　あなたが使う器具の改善によってあなたの安全と健康が改善されますが、それには様々な方法があります。

どうやって

1．腕と手の筋肉の作業負担を軽減するために、軽い（しかしそれでも十分に強い）器具を選択します。鍬や鋤などの大きな器具には、適切な長さの柄が必要です。丈夫な取っ手を器具に取り付けて、安全に持ち運びできるようにします。

2．あなたの作業を楽にする器具を設計します。例えば、手動のすじ播き機が発明され、ベトナムで使用されています。農家は、もはや米の種子の重い籠を保持して持ち歩く必要がなくなりました。

3．適切な高さで作業台または同様の装置を回転させると、重い物を持ち上げる必要性が最小限に抑えられます。機械やその他の機器の修理やメンテナンスに特に役立ちます。

協力を促進する方法

　地元の人々が設計した使い易い農具を見つけることができます。そのような器具は、安全性、健康および生産性を向上させることによって、エネルギーと農家の時間を節約することができます。一緒に話し合い、地域で利用可能な資材を使用して使い勝手の良い新しい器具を作成する方法に関する経験を交換して下さい。良い解決策を近隣の人たちと分かち合って下さい。

さらなるヒント

— 器具を使用するときは、特定の部位の筋肉の過度の使用を避けて下さい。良いバランスのとれた方法で多くの筋肉を使用できるようにする器具を選択したり設計したりして下さい。

覚えておくべきポイント

　適切に設計された器具や装置は、疲労を軽減し、生産性を向上させます。

図24a. すじ播き機を使用して下さい。機械は圃場上で回転します。播種された米は、施肥と除草が楽なすじ状に育ちます。

図24b. 背負い式の刈り払い機を使用して、腕と手の筋肉の作業負荷を軽減します。工具に丈夫な取っ手を取り付けて、安全な支持状態を確保します。

図24c. 重い物の持ち上げを最小限に抑えるために、適切な高さで回転する作業台を設計して下さい。

チェックポイント25

適切な摩擦がある取っ手を備えた器具を用意する。

なぜ

手持ち器具の効果的な使用は、取っ手の形状と摩擦に大きく影響されます。良好な取っ手は、作業者がより確かな制御とより少ない力で工具を使用することを可能にします。これにより、生産される作業対象物の質が向上し、疲労や事故が減少します。

手持ち器具をしっかりと保持するためには、取っ手の摩擦が重要です。適切な摩擦を持つ取っ手は、使用者が器具を適切な力で持ち、正確かつ正しい方向に使用するのに役立ちます。

どうやって

1. 取っ手を持ち、握り易い器具を選択します。もし工具の単一のハンドルが手で全体的に把持されるように設計されている場合（すなわち、4本の指がハンドルの周りを包み込み、親指によって人差し指が上から固定される）、ハンドルの直径が 30〜40 ㎜であることを確認して下さい。

2. 器具の取っ手が適切な形状と十分な摩擦を持っていることを確認します。これはツールを試用してみることで確認することができます。

3. 取っ手の長さが適切であることや必要に応じて手袋に使用する場合に適しているかを確認します。ハンドルの長さが少なくとも100 ㎜以上であること（125 ㎜あればより快適である）ことを確認して下さい。手袋を着用している場合は、少なくとも 125 ㎜の長さのハンドルを使用して下さい。

4. 右利きと左利きの作業者に適した別々の道具を購入して下さい。

5. 手がスリップした場合、鋭利な工具や危険な工具が指を傷つける可能性があります。そのような道具に適切なガードが取り付けられていることを確認して下さい。

協力を促進する方法

手持ち器具の使用に関連する問題は、試用で容易に見つけることができます。器具を購入する前に、器具の形状と摩擦が適切かどうかを検討して下さい。工具がすでに使用されていて、取っ手が十分でないと感じる場合は、取っ手面を滑り止めテープなどの材料で覆うか、適切なガードを取り付けて摩擦を増やして下さい。実際の使用では、工具の安全性を常に確認して下さい。あなたの近所の経験豊富な器具の使用者に聞いて下さい。

さらなるヒント

— 手袋は手のサイズを大きくし、表面摩擦を変化させます。 手袋を着用して工具を使用する場合は、手袋を着用して取っ手の大きさと摩擦を試して下さい。

覚えておくべきポイント

適切なサイズ、形状、摩擦を備えた手に適した取っ手を備えた工具を使用して下さい。

図25a. 取っ手は器具の取り扱いを容易に安全にするのに役立ちます。

図25b. 器具の取っ手は正しい形状と適正な摩擦を持っていなければなりません。

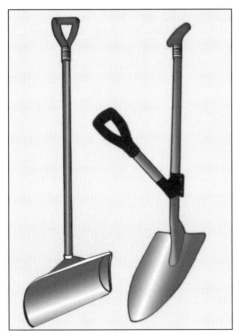

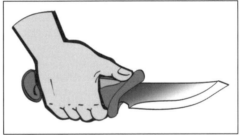

図25c. 鋭い器具は手が滑ると指を怪我するかもしれません。こうした器具は正しく設計されたものであるかを確かめて下さい。

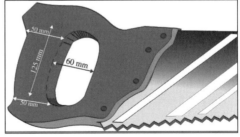

図25d. 器具の取っ手は異なった現場条件（ときには雨が降っていたり）で使われるときでも、適切な大きさと摩擦を確保しているべきです。

図25e. 器具の取っ手は適切な厚さと長さ、形状であるべきです。

チェックポイント26

間違いを避けるために、わかり易いラベルや表示、記号を付ける。

なぜ

作業中の多くのミスは、作業対象物、器具、機械、スイッチや表示器といったものか似ている場合、または混乱した状態で置かれている場合に発生します。ラベルや表示はこうしたミスを劇的に減らします。

どの物品がどの機能に属しているかを明らかにするために、ラベルや表示、シンボルを付けて下さい。利用者が理解し易く、なじんでいる文字や記号、シンボルを使うことは、良い方法です。これにより、人々が正しい対象を認識する上で感じる不必要なストレスが軽減され、生産的な作業に多く寄与します。

どうやって

1. 人々が頻繁に見る対象物の近くの場所、例えば、彼らが使う機器の近く、あるいは使用者の目の前に、ラベルとシンボルを貼り付けます。

2. 慣れ親しんだ記号やシンボルみを使用して下さい。あなたは、彼らが表示やラベルを理解しているかどうか、仕事中にそれらを見ることが期待される人々に尋ねることで、これを確認することができます。

3. 人が遠くからでも簡単にそれを読むことができるように文字は十分に大きくします。

4. 対象物やスイッチのラベルをすぐ上下または横に貼り、どのラベルがどの対象物またはスイッチに対応しているかを明確にします。

5. 書かれるメッセージを明確かつ短くして下さい。混乱を招くような表現や長い文章は避けて下さい。

6. 使用者が理解できる言語を使って下さい。複数の言語のグループがいるところでは異なった言語のラベルや表示を使う必要があります。

協力を促進する方法

ラベルの使用はミスを防ぐのに非常に有効です。さまざまな容器、工具、スイッチ、資材を区別するのに適していると思われるラベルをいくつか試してみて下さい。次に、隣人や家族の間でどのようなラベルやどのような文字が分かり易いかを話し合います。ラベルをきれいに保って、読みやすくして下さい。

さらなるヒント

— 必要に応じて、異なるラベルや記号に異なる色や形を使用します。

— 作業場のラベルには通常高さ1cmの文字で十分です。

— メッセージを簡潔にして、一目で分かるようにします。

覚えておくべきポイント

分かり易いラベルや記号は、ミスを大幅に減らし、時間を節約します。

図26a. 簡単に理解できる記号やシンボルは、ミスを減らすのに役立ちます。

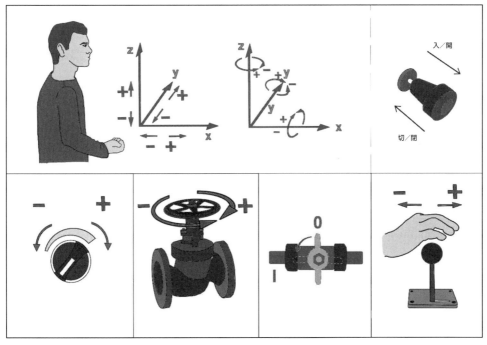

図26b. 異なる種類の操作機器の操作の方向は、通常地元の人が最も理解し易い動きの方向に対応します。必要な方向を明確に示すためにラベルを張ることは有効です。

チェックポイント27

さまざまな大きさの対象物を扱う作業者に高さの調整が可能な作業面を提供する。

なぜ

農家は、作業台やスタンドでさまざまな大きさの資材、製品、容器を扱います。各作業者の肘の高さ付近に作業者の手の高さを保つことが重要です。対象物の大きさによらず、肘の高さで作業が行えるように、作業面の高さを調整することが有効です。

高すぎるまたは低すぎる作業面は、筋肉の痛みおよび疲労を増加させます。高すぎる作業面は首や肩の凝りと痛みを引き起こします。低すぎる作業面は、腰の痛みを引き起こします。これは、起立姿勢と座位姿勢の両方で起こります。作業面を肘の高さに調整することはこれらの深刻な影響を回避し、作業効率を改善します。

どうやって

1. 作業者が扱う対象物の大きさを考慮して、作業面の高さを肘の高さに調整します。対象物に力を加えなければならない場合、作業高さは肘の高さより幾分低くして下さい。

2. 可能であれば、高さ調節可能な作業台を使用して下さい。個々の作業者の肘の高さ付近に作業面を調整します。調節可能なテーブルが十分機能しない場合は、背が低い作業者のためには床置きの作業段を、背の高い作業者のための作業台スタンドを用意して下さい。

3. 必要に応じて、回転する作業台を用意すれば、異なる方向からの作業が容易になります。

4. グループで同じ作業台を使って作業をする場合、あるいは長い作業台に沿って作業を行う場合は、個々の作業者に合わせた床置きの作業台もしくは作業対象を載せる台を使って肘の高さでの作業を可能として下さい。

協力を促進する方法

作業高さを調整することは、通常考えているよりもはるかに簡単です。機械やテーブルが関与しているため、作業高さを変更するには高価すぎる、あるいは不可能であると考える傾向があります。これは間違いです。上記の例から学び、あなた自身のアイディアを使って下さい。彼らが扱うことが要求される作業対象物の異なる大きさを考慮に入れて、常に異なる作業者のための適切な配置を検討して下さい。

さらなるヒント

— 座っているときに行う高精度な作業に対して一つの例外を作って下さい。作業対象物を肘の高さより少しだけ高くします。

— もし立位作業でも座位作業でも同じ作業台を使っている場合は、立位作業に高い作業面を与えて下さい。通常、足の下に作業段を設けるか作業対象物の下に固定台を使うかで立位作業を行えるようにします。

覚えておくべきポイント

さまざまな大きさの作業対象を考慮に入れて「肘の規則」を適用して下さい。

図27a. 作業テーブルの高さをそこで行われる作業の内容に合わせて調整します。

図27b. 回転可能な作業台は作業対象に様々な向きから作業を行うことを簡単に出来るようにします。

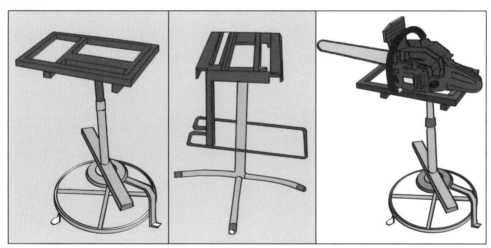

図27c. 調整可能な作業台は、作業者や作業の種類によって作業高さが変えられるので便利です。

チェックポイント28

不安定な高所からの転落を防止するために可搬式の脚立を用意する。

なぜ

時折、農家は頭上の高さの物を扱う作業を必要とします。頭上で行う精度の高い作業が必要な場合は、可搬式の脚立を用いるべきです。この種の作業が頻繁に行われると、使用されるべき脚立が容易に手配できないかもしれず、人々は脚立の使用を取り止めようとします。これは傷害を引き起こし、重大な結果を招く可能性があります。安全で持ち運びし易い脚立を提供する必要があります。

現場に適切に配置された脚立は、一時的に配置されたどんな脚立よりもはるかに安定して安全な足場を提供することができます。可搬式の脚立は安全に使用するために農家や農場労働者を訓練することによって、良質の安全な作業を確保することができます。

どうやって

1. 持ち運びや取り扱いが容易で、安全に使用できる可搬式の脚立を選択します。安全で効率的な脚立について、経験豊富な農家や専門家に相談して下さい。

2. 可搬式の脚立を農作業で使用する必要性は、予期せず発生する可能性があります。それらを指定された場所に保管することで、必要なときに利用できるようにすることができます。

3. 脚立は適切に維持管理して下さい。

4. 脚立の販売元、または経験豊富な作業者から適切な使用について訓練を受けて下さい。高所で作業しているときに怪我をしたり、脚立の誤った取り扱いで怪我をしたりしないように注意して下さい。

5. 脚立が正しく使用されていること、特に突発的な崩落を避けるための措置が講じられていることを確認して下さい。

協力を促進する方法

脚立の様々な異なる形が農業のために利用可能です。経験豊富な隣人や専門家から、適切なタイプの脚立とその安全な使用について学んで下さい。農場の踏み台の維持管理と安全な使用に関する訓練と再訓練を、使用しているすべての人々を巻き込んだ集会で企画・実施して下さい。

さらなるヒント

— さまざまな種類の頭上作業で可搬式の脚立を使用する場合、すべての人が厳格に従うように安全な使い方を確立して下さい。

— 脚立を定期的に点検し、使用時の安全を確保して下さい。

覚えておくべきポイント

可搬式の脚立は、高所作業を安全に行うために役立ちます。

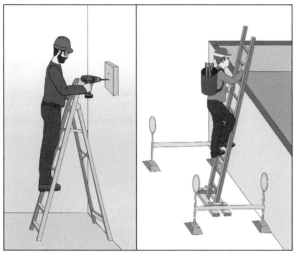

図28b. 異なった形状の脚立が利用可能です。突然の転倒がないように組み合わせて脚立を利用して下さい。

図28a. 可搬式の脚立は高所での作業を行うために役立ちます。

図28c. 高所に設置された作業台に達するための梯子は、しっかり固定して下さい。

機械の安全

　農家は農作業で多くの種類の機械を使用します。これらの機械は非常に便利ですが、危険でもあります。機械での事故のリスクを軽減するための実用的で簡単な解決策があります。ガードの適正な利用、安全な供給装置、および良好な維持管理は、機械の安全利用の鍵です。電気事故は、多くの国の農家の間で重大な安全上の問題の一つです。この章では、電気機器の安全な使用を含む機械の安全な使用を保証するための実用的な方法が提示されています。

チェックポイント29

必要な安全ガードや予防装置が組み込まれた機械を購入する。

なぜ

農業機械はあなたの生産性を上げることを助ける大きな投資です。しかし、農業機械はその部位の幾つかが正しく覆われていなければ問題や事故を引き起こすことがあります。機械を購入する前に考えられる全ての危険性に対するその機械の安全性の側面を注意深く研究する必要があります。全ての危険な部位が適正に覆われているか確認して下さい。

定期的な点検整備はあなたの機械が安全に正しく働くように保ちます。全ての機械部品を注意深く点検して下さい。回転部品や取り外し可能なガード、電線には特別な注意が必要です。

どうやって

1. 機械を購入をする前にその機械について研究し、確認して下さい。全ての可動部分が適正に覆われているか、電気配線が保護されているかを確認して下さい。全ての供給装置、排出装置が安全であるかチェックして下さい。機械を運転状態にして正常にかつ安全に動くか目で確認して下さい。機械が動いているときに両手が危険な状態にならないか、確認して下さい。

2. 機械の定期点検を行う日を決めて下さい。機械日誌を作り、あなたの機械の状態を記録して下さい。

3. 保護用のガードや安全装置を注意深く、定期的に確認して下さい。

4. 点検は有資格者や経験が豊富な人によって行われなければなりません。あなたが疑問を感じたときは、あなたの村の技術的な専門家に助けを求めて下さい。あるいは、機械を安全に運行するためや適切な点検整備のためのトレーニングを受けて下さい。その場合は農業機械の販売業者や地元の専門家が助けてくれ

るはずです。正式なトレーニングや十分な経験がないとき、機械はあなたやあなたの家族にとって危険な物になってしまうでしょう。

5. 機械の修理、補修中は、必ずスイッチをオフにし、電源を抜いて下さい。例えば「危険、運転禁止」などの適切な表示を機械に取り付けておいて下さい。

協力を促進する方法

あなたの村にも安全な機械を選んだ経験のある人や機械を良好な状態に維持管理している人がいるでしょう。彼らから学んで下さい。可能であれば、彼らに他の農家のために現場での短い講習を企画するように頼んで下さい。機械を点検する農家が村にとって重要な役割を果たすことを認識して下さい。機械を安全に運行し維持管理を行うためには、近隣住民の協力が不可欠です。

さらなるヒント

— もしあなたが安価な機械を見つけたら、その機械の安全性の側面を入念にチェックして下さい。一度事故が起きれば、経費はかえって高くなるでしょう。

覚えておくべきポイント

安全な機械のみが高い生産性に寄与します。機械は安くはありません。購入する前に機械の安全性の側面を研究して下さい。

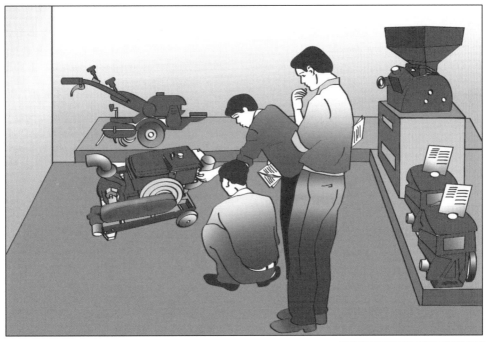

図29a. 全ての動く部位が完全に覆われているポ
ンプやエンジンを購入して下さい。

図29b. 購入する機械が必要な安全
要件をすべて満たしていることを
確認して下さい。

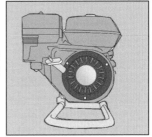

図29c. 農業用車両を購入する際には、安全と健康の両方
の要件を確認して下さい。

図29d. 有資格者だけが機械のメン
テナンスを行うべきです。

チェックポイント30

　機械の危険な可動部には適切なガードを取り付ける。

なぜ

　機械の可動部位は農作業者に事故の危険をもたらします。深刻な怪我は、歯車、転輪、ベルトから発生します。ガードがなければ、鋭利な物や熱い金属のような危険な物が可動部分から飛び出すことさえあります。簡単な手作りのガードでもこうした危険を大きく減らすことができます。

　ガードがない機械は使用者のみでなく、近くを通りがかった訪問者や家族（ときには子供）すらも傷つける場合があります。彼らは機械の運転方法も知らなければ、どのような予防が必要かも知らないので、彼らへの危険の方が高くなります。機械のガードはあなただけでなく、あなたの家族やあなたの友達も守ります。

どうやって

1．機械の稼働部位のためにガードやカバーを作って下さい。木や鉄板などの利用可能な素材を使って下さい。強度や耐久性がある素材を選び、ガードやカバーは子供や保守整備をしない人が外し難いようにして下さい。

2．ガードやカバーは、経験がある人や資格がある人が修理や整備をするときには外せる構造でなければなりません。

3．もし運転中にガード内部を監視する必要がある場合は、プラスティックや金属のメッシュなどの透視可能な素材を使って下さい。

4．もし機械の設置場所が人が沢山通る場所である場合は、金属や丈夫な木製や竹製の板などで人が容易に近づけないようにして下さい。

協力を促進する方法

　あなたの村で農業機械によって行われた様々な仕事を、隣人と一緒に見て回って下さい。どの機械が、いつ何処で使われているのかを認識して下さい。機械の危険な箇所を認識し、適切なガードが必要な機械をリストアップして下さい。適切な解決策と手順について話し合って下さい。必要に応じて、可能な限り地元で入手できる資料を使用して、適切なガードを取り付けて下さい。

さらなるヒント

— ガードは機械にしっかりと固定しなければなりません。一時的または取り外し可能なガードが適切に固定されていないと、農家に重大な事故を引き起こす可能性があります。機械を操作する前に、ガードに取り付けられているすべてのナットとボルトを注意深く確認して下さい。必要であれば増締めをして下さい。

覚えておくべきポイント

　機械の可動部分の近くで作業することは非常に危険です。最高の保護は、農家に機械に近づかないように指示することではなく、ガードをつけて接触を防ぐことです。

図30a. 現地で入手できる素材で作られた安全ガード。必要に応じて金属メッシュなどの透明な素材を使用してガードを作り、作業を明確に観察できるようにします。

図30b. 手持ち式の動力器具のためには、予期せぬ動きから手や足を保護するための特別なガードが必要です。

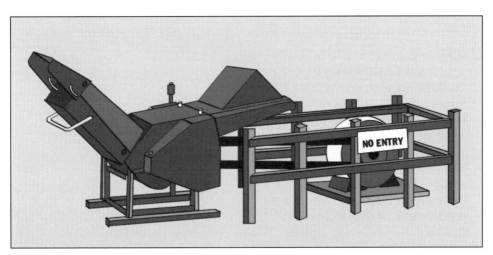

図30c. 人が通る場所に設置する機械では、フェンスを設置して、機械へのアクセスを制限して下さい。

チェックポイント31

危険を避け、生産量を増やすために適切な供給装置を使用する。

なぜ

あなたの手は、資材を機械に供給する際に大きな危険にさらされます。農家は、作物の束を脱穀機に入れるときに、手を失ったり、腕を失ったりすることもあります。粉砕機、製粉機、または籾摺り機で作業する場合も同じ危険性があります。軽度のミスがすぐにあなたの体の重要な部分である手の負傷を引き起こす可能性があります。安全な供給装置は、このようなリスクを大幅に低減し、重大な事故を防止するのに役立ちます。適切な供給装置は、安全を提供するだけでなく、作業をスピードアップすることもできます。供給動作中の腕と手を繰り返し作業は、疲労の原因となり、仕事が遅くなります。単純な重力式や自動供給機構は仕事を簡単にし、あなたの作業時間を節約できます。その結果、生産性が向上します。

どうやって

1．シュート状の重力式供給装置を設計して下さい。供給装置は機械にしっかりと固定する必要があります。原材料は、装置の開口部機械に滑り込みます。この機構は特に脱穀機などで有効です。

2．漏斗状の装置を設計し、機械の供給口に接続するように配置します。農産物の重さがそれ自体を機械に押し込みます。こうした機構は、圧縮機や粉砕機、製粉機に適しています。

協力を促進する方法

あなたの村や地元の農家を歩き回りましょう。あなたの隣人が使っている供給装置を見かけると思います。それらはどのように考案され使用されたのか、あなたの隣人と技術的経験を共有して下さい。あなたの機械について話し合って、あなたの供給装置と排出装置を一緒に設計・改善して下さい。

さらなるヒント

— 供給装置をあなたの機械に取り付けるときは、機械の既存のガードおよび他の安全装置に干渉しないようにして下さい。

— 供給装置の定期的な点検と整備を実施して下さい。

覚えておくべきポイント

事故を避け、生産性を向上させるために有効な供給装置を使用して下さい。

図31a. 稲の束を脱穀機の危険な部分に運ぶコンベヤの形態の供給装置。

図31b. 機械の供給部をより高くすることができるので、作業は自然な立位姿勢で行われます。

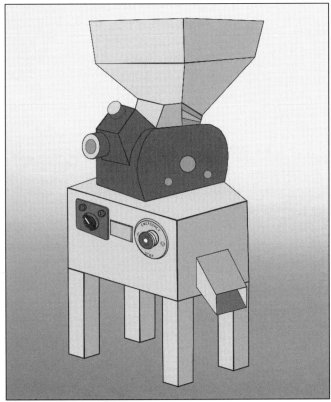

図31c. 漏斗状の供給装置が取り付けられた粉砕機。

チェックポイント32

圃場で機械を使用する場合は、安定した場所に設置する。

なぜ

農業機械は、地面が平らでない、あるいは安定していない圃場条件で使用されます。機械は安定した位置にあるとき、安全で最も生産的です。そうしないと機械は振動したり移動してしまったりするかもしれません。あなたは頻繁にそれを修正するために多くの努力を費やさなければならないでしょう。つまり、効率を失い、事故リスクが増大します。

あなたの家族や近隣の農家と協力して、それらを運転するための特別な場所を用意するか、固定装置を使用して安全に機械を固定することができるでしょう。

どうやって

1. あなたの機械がどのように動作しているか、何処に配置されているかを確認します。より安全で安定した場所に設置する必要のある機械を特定して下さい。

2. あなたの農場の状態を評価し、あなたの機械を設置する安全な場所を見つけて下さい。そこは平らでしっかりしていて滑りにくくなければなりません。

3. 現在の圃場で安全で安定した場所を見つけることができない場合があるかもしれません。その場合は、あなたの機械を安全に設置できる場所を作って下さい。あなたは、機械を使用するための安全な場所を作るために、土壌やセメントを外部から持ってくる必要があります。

4. 機械が動いてしまうのを止めるために固定装置を考案して下さい。この方法は、車輪付きの機械では特に重要です。

協力を促進する方法

機械を安全に設置する方法の経験を交換することが重要です。お互いの改善アイディアから学ぶことができます。多くの機械は重いので、安全な場所を作ったり機械を動かしたり固定したりするときには農家が協力することが不可欠です。村人は、機械を安全に運ぶための圃場までのルートを改良するために協力する必要があります。

さらなるヒント

— 機械を設置する使いが手がよい場所を選択して下さい。機械を移動する距離が短くなるように、自宅の近くに設置する必要があります。

— 機械を圃場に移動する安全な方法を見つけて下さい。必要に応じて道路やその他の経路を修復して下さい。

— 輸送を容易にするために、機械に車輪を取り付けます。あるいは機械を運ぶために特別な台車を設計するのも良いかもしれません。

— 機械を屋外に設置する場合は、雨や雪や強い日差しによる機械の損傷を避けるために、また、機械の設置場所が雨水や雪解け水によって浸食されないように覆いを設置して下さい。

覚えておくべきポイント

機械は安全な場所に固定されている場合、最も生産的で安全です。

図32a. 車輪を備えた機械を固定するために輪止めを使用するか、履帯を備えた機械を使用します。

図32b. 機械を圃場に安全に設置するための場所を用意します。

チェックポイント33

機械を使用するときはパートナーと一緒に作業を行い、単独で作業することは極力避ける。

なぜ

機械を用いて単独で作業するのは危険を伴います。もしあなたが事故に巻き込まれた場合は、すぐに機械を止めることができる人が必要だからです。また、協働作業者が機械の問題に直面しているときには、あなたが緊急支援を提供することもできます。

一緒に仕事をすれば、あなたの仕事はより効率的になるでしょう。あなたとあなたのパートナーはより効果的な作業手順を決めることができます。たとえば、収穫機を操作している間、パートナーは収穫物を収集、梱包し、移動したりすることができます。

どうやって

1. 農場や圃場で自分の機械を使用するための作業計画を評価します。可能であれば如何なる時も、一人での作業を避けて下さい。

2. あなたの機械が常に作業のパートナーや家族と一緒に稼働するように作業計画を立てて下さい。どのように作業を分担すれば効率よく安全に作業が出来るかを話し合って下さい。

3. 機械を運転しているときの安全確保の方法について話し合って下さい。あなたのパートナーはあなたの機械の運転状況を注視し、安全な運行についてアドバイスをしなければなりません。

4. 協働作業者は非常時にあなたの機械の止め方を知っているようにしなくてはなりません。あなたも協働作業者の機械の止め方を知っていなければなりません。

5. 協働作業者が機械に巻き込まれたら、彼らを助け、病院に連れて行く方法を確立しておくこと。

協力を促進する方法

機械を使用する場合は、可能な時はパートナーと一緒に作業をして下さい。パートナーと一緒に仕事をすれば、相互に助け合うことができます。どのようにして一緒に働くかを話し合い、現実的な勤務スケジュールを立てて下さい。仕事をシェアすることで得られる利益を確認すれば、あなたの仕事の生産性は最も高くなるでしょう。

さらなるヒント

— あなたのパートナーの機械が稼働しているときは、安全な距離を保って下さい。

— あなたとあなたの協働作業者は、2台以上の機械が同時に稼働しているときは、事故を防止するための安全作業の方法を確立して下さい。

— 過度な疲労を防止するために定期的な休憩を取って下さい。この休憩時間は、より安全な作業手順を検討し話し合うのにも役立ちます。

— あなたのパートナーと安全で効率的な作業手順を開発する方法を検討し、議論して下さい。

覚えておくべきポイント

あなたは、パートナーと一緒に仕事をすると、より安全により効率よく機械を使うための方法に気付くでしょう。

図33a. 安全運行のためにパートナーと一緒に作業を行い、助け合って下さい。

図33b. 機械の稼働中はあなた自身を機械から遠ざけて下さい。

チェックポイント34

機械がよく整備されており、壊れた箇所や不良部品がないことを確認する。

なぜ

機械は良好な状態にあるときに最も生産的で安全です。機械が故障したり部品が破損したりして正常に作動していない場合は、運転中にこれらの問題に特別な注意を払う必要があります。あなたとあなたの同僚は、より高い事故リスクに直面しなければならず、作業効率が低下します。あなたとあなたの協働作業者は、より高い事故リスクに直面しなければならず、作業効率が低下します。

あなたの機械を最良の状態で維持するためには、定期的なメンテナンスが必要です。定期的な作業の一つとして、機械のメンテナンスに十分な時間を確保して下さい。機械のメンテナンスのための時間は無駄ではありませんが、良い投資です。高い生産性と安定した収入を得られ、事故による損失もなくなるでしょう。

どうやって

1. 新しい機械を購入するときは、ガードを含めて、すべての部品を注意深く確認して下さい。

2. 運転を開始する前に毎日機械を点検して下さい。機械に緩んだり破損したりした部品がないか確認して下さい。問題が見つかったら、できるだけ早く修理して下さい。問題が解決されるまで、その機械を使用しないで下さい。

3. 機械の保守作業中はすべてのスイッチがオフになっていることを確認して下さい。

4. 安全のために必要なすべての重要箇所をチェックするために、毎日の機械メンテナンス用のチェックリストを作って下さい。チェックリストを他の農家と共有するなど、チェックリストから学ぶことができます。

5. 長期メンテナンス計画を策定します。例えば、毎週末に機械を完全にチェックすることもできます。

6. 指定された期間使用した後、定期的に機械を点検するように整備士に依頼する必要があります。

協力を促進する方法

経験豊富な農家から効果的な保守技術と計画を学びます。パートナーといくつかの機械を共有する場合は、共同保守計画を作成して下さい。保守記録を保存し、機械を使用するすべての農家と情報を共有し、機械の状態を知らせます。

さらなるヒント

— 機械の販売業者からアフターサービスを受けるようにします。必要に応じてアドバイスやサポートを求めます。

— 安価であるという理由だけで機械を購入しないで下さい。後で問題を解決するために余分なコストがかかるかもしれません。事故が発生した場合、コストが高くなり、負傷して収入を失う可能性があります。

覚えておくべきポイント

良好な機械メンテナンスは、農家が安全性と高い生産性を享受するのに役立ちます。

図34a. 機械の運転を開始する前には毎回、重要部品を
チェックして下さい。

図34b. 機械の危険な部品には特に注意を払って
下さい。整備中は機械のスイッチがオフになっ
ていることを確認して下さい。

図34c. 手持ちの動力機械の点検には適切な高さの丈夫
なテーブルを用意して下さい。

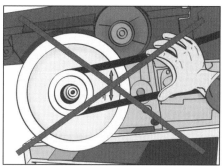

図34d. 点検作業のためにガードが外されている
時は、機械の可動部分に触らないようにして下
さい。

チェックポイント35

機器や照明に電力を供給するためのコネクタが安全で確実であることを確認する。

なぜ

農家は多くの目的で電気を使用しています。残念ながら、電気事故は農家の間で増加しています。このような事故は、電気機器の安全手順が無視された場合に発生する可能性があります。家庭やコミュニティの幸福には電気の安全な使用が不可欠です。

農家は、脱穀機、揚水ポンプ、電気散布機など、様々な種類の機械を現場で使用する必要があり、それらを湿気の多い濡れた環境にさらします。このような環境では、損傷したり故障したりした電気機器の危険性は高くなります。電気ケーブルと機械の間のコネクタの適切なメンテナンスと管理は、感電や機械の故障を防ぐために非常に重要です。

十分に保護された電線のコネクタは、機械のオペレーターと、作業場を通り過ぎる他の農家、家族、訪問者みんなの安全を確保します。機械に接続されたすべての電気ケーブルを適切に絶縁し、適切なメンテナンスを行うことで、電気事故や機械の損傷を防ぐことができます。

どうやって

1. 地絡遮断器が装備されたコードまたはコンセントを必ず使用して下さい。水に触れる可能性のある場所では機器を差し込んだままにしないで下さい。

2. すべての電線接合部を点検します。電線用粘着テープで注意深く包みます。電線の接続部を露出させないで下さい。電線用粘着テープが緩んだり劣化していたりしたら、すぐに交換して下さい。

3. 電気的接合部が損傷したり破損したりしていた場合は、直ちに安全な新しいものに交換して下さい。

4. サーキットブレーカーまたはヒューズですべての回路を保護します。主電源スイッチおよびブレーカーボックスには、明確にマークを付けて下さい。

協力を促進する方法

電気の安全には特別なスキルと経験が必要です。あなたの村には、電気の安全に資格を有した知識のある専門家がいなければなりません。電気の安全に関する簡単なオンサイトトレーニングセッションを開催して下さい。農家の間で経験を共有し、あなたの村の電気の安全のための共同保全計画を作成します。

さらなるヒント

— 承認された電気プラグと回路を使用して下さい。安価なバージョンでは、ショート（短絡）が発生し、事故や機械の故障が発生する可能性があります。

— 使用後は、すべてのプラグとケーブルを適切な保管場所に保管して下さい。

— すべての電気機器は正しくアースされている必要があります。アース線を機械から接続するには、独立したアースロッドを使用して下さい。

覚えておくべきポイント

十分に保護された電線は、事故や機械の損傷を防ぐのに役立ちます。

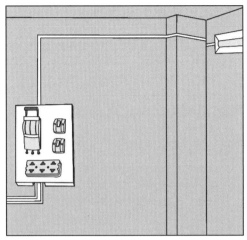

図35a. スイッチボードに接続された電線は、適切に被覆されています。

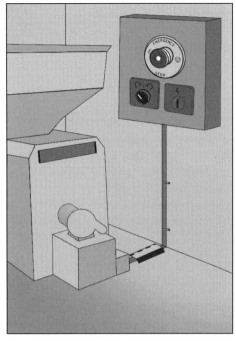

図35b. 機械に接続された電気ケーブルは十分に保護されており、明確にラベルが付けられています。

図35c. あなたのポータブルツールのプラグとケーブルが他人の通り道に入らないようにし、水に触れないようにして下さい。

チェックポイント36

握り易い安定した取っ手を備えた手持ち式の動力工具を使用する。

なぜ

手持ちの動力工具は、農家の手作業の負荷を大幅に削減するのに役立ちます。これらの器具は、例えば草や木材を切断するときなどは、手軽で強力です。農家は器具を持ち運び、必要な場所でそれらを適用することができます。

このような器具に安定した取っ手を取り付けると、使い易さと安全性が向上します。安定した取っ手を備えたツールは、取り扱いがはるかに簡単になり、効率と安全性が向上します。

どうやって

1. 必要に応じて、手動工具を動力工具に交換します。

2. 使用している動力工具をすべて確認して下さい。取り扱いが容易な位置に安定した取っ手がない場合は、経験豊富な農家や工具販売業者に相談し、可能であれば安定した取っ手を取り付けることを検討して下さい。

3. 安全かつ効率的な操作のために扱い易い取っ手を設計します。開発中にいくつかの選択肢をテストします。

4. 取っ手が安定していて、緩んでいないことを確認します。動力工具は、工具の使用中に取っ手が不安定な場合、非常に危険です。

協調を促進する方法

動力工具に安定した取っ手を設計して取り付けるには、経験が必要です。近隣の農家の既存の良い例を見つけて、取っ手を改善するために、これらの例から学んで、器具に改善した取っ手を取り付ける方法を学びます。

さらなるヒント

— 可能な場合は、動力工具を安全に使用するために両手を使用して下さい。取っ手は両手で使用するように設計する必要があります。

— 機械小売業者および工具販売業者に相談して下さい。彼らは通常、良いアイディアや選択肢を持っています。

— 動力工具を定期的に点検し、維持します。

覚えておくべきポイント

安定した取っ手は、農家が動力手持ち器具を使用する際の安全性と生産性を向上させます。

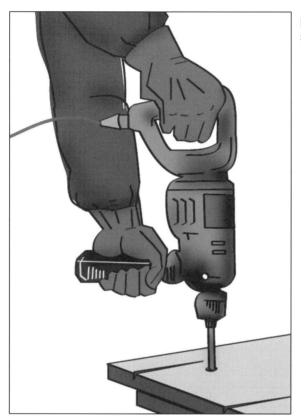

図36a. 強力で安定した取っ手を備えた手
持ち式動力工具を使用して下さい。

図36b. 手持ちの動力器具は
農家の労働負担を軽減しま
す。安定した取っ手は生産
的な運転に不可欠です。強
力で安定した取っ手を備え
た手持ち式動力器具を使用
して下さい。

チェックポイント37

操作が簡単で、手を放すと自動的に停止する方式の歩行型機械を使用する。

なぜ

多くの農家は、露地での耕作や作物の収穫のために歩行型の機械を使用しています。これらの機械は、農業労働環境に適しており、持続的な前方曲げや重い農産物の取り扱いなどの伝統的な問題に対する効果的な解決策を提供することができます。しかし、これらの機械は現場で使用されると事故の原因となることがあります。

これらの機械の危険性と危険を知り、それらを減らすための適切な対策を講ずる必要があります。手を離したときに自動的に停止する歩行型の機械を選択して使用することは安全です。

どうやって

1. あなたの仕事で手作業に大きく依存するものを特定します。これらには、栽培、植え付け、草刈り、または収穫が含まれることもあります。

2. 実用的な歩行型の機械が物理的な作業負荷を軽減し、作業姿勢を改善し、重作業を減らすことができるかどうかを検討します。

3. そのような機械を使用している近隣の農家に相談するか、さらなる詳細な情報を得るために販売業者に連絡して下さい。操作が簡単で、手を離すと自動的に停止する安全な機械を選択して下さい。

4. 安全かつ効率的な操作を確保するために、購入した歩行型機械で練習を行って下さい。

5. 歩行型の機械の落下や滑りなどの安全上のリスクを評価し、軽減策を講じて下さい。

協力を促進する方法

経験豊富な農家から学び、歩行型機械の安全で生産的な操作を確保します。あなたは、他の農家と一緒に機械を購入して使うこともできます。そうするのであれば、共同保守計画を立て、機械の状態に関する情報を日常的に共有して下さい。

さらなるヒント

— 歩行型機械は、多くの仕事に役立ちます。このタイプの機械に慣れ親しむには、まず1台から始めると、様々なあなたの作業のために他の機械が必要かどうかがわかります。良い維持計画を立てて下さい。

— 安全に操作するためにあなたの農場や畑を改善します。例えば、石を取り除き、穴がなく、急な段差がないことを確認します。

— 運転中は、家族に機械に近づかないように指示して下さい。

— 歩行型の機械は、小規模な圃場や田んぼに特に便利です。大規模な圃場や大きな田んぼで作業する場合は、他のタイプの機械を検討して下さい。

覚えておくべきポイント

歩行型の機械は、適切かつ安全に使用された場合、農家の手作業を大幅に削減します。

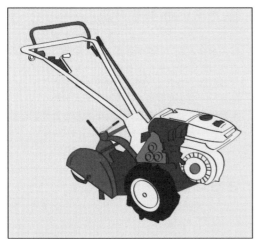

図37a. 操作が簡単な歩行型の機械は農家の作業負荷を軽減します。

図37b. 手を放すと自動的に停止する機械を選択します。

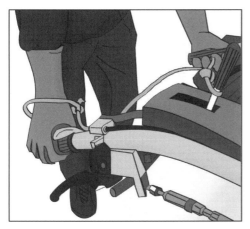

図37c. 自動停止のない機械は使用しないで下さい。他の危険な代替システムの利用は避けて下さい。

図37d. 安全な機械操作のために、地面に石や穴がないことを確認して下さい。

チェックポイント38

ホイストやクレーンが指定された吊り上げ荷重制限と安全上の注意に従って操作されていることを確認する。

なぜ

農家は、機械、バルク製品、その他の資材などの重い荷物を移動するためにホイストとクレーンを使用します。これらの機械は非常に力が強いので、正しく使用されないと重大な事故を引き起こす可能性があります。

あなたが使用するホイストやクレーンの荷重制限を守って下さい。過負荷は重大な事故の主な原因です。機械が倒れ、多くの人を傷つける可能性があります。機械のすべての安全上の注意を理解し、それらが遵守されていることを確認して下さい。

どうやって

1．特定のタイプのホイストやクレーンを操作するには、適切なトレーニングと適切なライセンスが必要です。ライセンスなしで操作しないで下さい。訓練とライセンスなしで、それらを操作しないように同僚に助言して下さい。

2．ホイストとクレーンを操作する前に、安全上の注意をすべて確認して下さい。よく整備された機械を使用して下さい。

3．ホイストとクレーンを安定した地面に置きます。もし機械が不安定な場合は、転倒して事故を引き起こします。

4．使用するホイストやクレーンの荷重制限を超えていないことを確認します。機械が持ち上げる資材の重量を測定します。

5．荷物を機械に吊するときは、強力なケーブルと安全な固定装置や固定方法を使用して下さい。ホイストやクレーンを使用すると、落下物が重大な事故の原因となります。

協力を促進する方法

ホイストとクレーンの安全な運転を確保するには、訓練と長い経験が必要です。経験豊富で認可された農家から学んで下さい。トレーニングを受けていない場合は、機械の操作を彼らに依頼して下さい。運転免許のない人がホイストやクレーンを操作しているのを見たら、それらを止めさせて、適切な訓練についてアドバイスして下さい。

さらなるヒント

— 人を運ぶためにホイストやクレーンを使用しないで下さい。

— ホイストやクレーンが稼働しているときに危険区域を指定して下さい。あなたの家族を含む誰もが吊り荷の近くにいないことを確認して下さい。

覚えておくべきポイント

ホイストやクレーンは力が強いので、積載制限と安全予防措置を確実に遵守することによって、適切に使用する必要があります。

図38a. ホイストやクレーンで持ち上げているとき
に安全に荷物を固定します。

図38b. 落下事故を避
けるために負荷のバ
ランスを考慮して下
さい。

図38c. 平らで安定した場所にクレーンを設置して下さい。

チェックポイント39

　偶発的な作動を防ぐために、機械の操作装置を保護する。

なぜ

　動作中の制御ボタンやスイッチはしばしば覆いがない場合があるので、誤って機械を始動させてしまう可能性があります。偶発的な機械の作動は危険であり、機械に近い農家やその家族に重傷を負わせたり、死亡させたりしてしまうことさえあります。操作装置とスイッチを保護することで、この事故のリスクを軽減することができます。より安全な操作を保証するために、透明材料を使用して操作装置やスイッチをカバーする多くの簡単な方法があります。

どうやって

1. すべての機械の操作装置とスイッチを確認し、誤った起動から十分に保護されていることを確認します。

2. そうでない場合は、改善する必要があります。近隣の農家が使用している機械から既存の良い例を見つけ、安全な設計のためのアイディアを得ます。

3. 透明材料を使用して、操作装置とスイッチを覆い、目に見えるようにします。

4. 操作装置を保護する二つの実用的な方法があります。一つ目は、透明なボックスで操作装置のグループをカバーし、各操作のための穴を開けることです。二つ目は、各コントロールボタンを個別に保護することです。

5. 新しい保護手段を取り付けた後も、機械の起動と停止が簡単であることを注意深く確認して下さい。

協力を促進する方法

　他の農家から保護された機械制御の既存の良い例を見つけて下さい。彼らがどのように保護対策を講じ、機械の安全性を改善したかについての経験から学びます。新しい操作装置保護カバー等を設置するときは、他の農家にもこの良いアイディアも表示する必要があります。

さらなるヒント

— 優れた色と形を使用して非常停止スイッチをはっきりと見えるようにし、誰かが緊急時に停止できるようにします。

— 保護されたコントロールを定期的にチェックして下さい。透明な材料は、継続的に使用すると汚れ、操作装置が見え難くなることがあります。これは危険です。できるだけ早く保護具を交換して下さい。

— 操作装置を保護するために強力なカバー材を使用して下さい。破損し易いガラス素材を使用しないで下さい。切れたり、怪我をしたりする可能性があります。

覚えておくべきポイント

　簡単な保護対策は、誤った機械の起動を防ぎ、安全性を高めることができます。

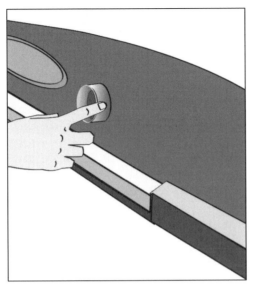

図39a. 偶発的な作動を防ぐために、機械制御装置を保護する。

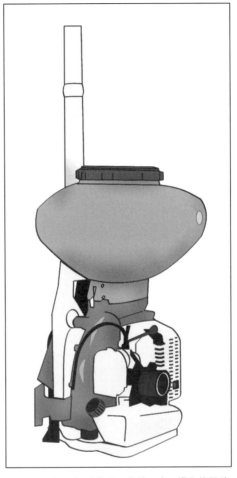

図39b. 防護カバーを設置した後でも、操作装置がはっきりと見えるようにする。

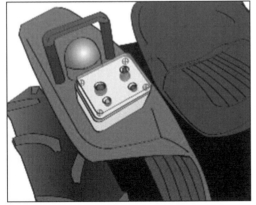

図39c. スイッチのグループは一緒に保護することができます。

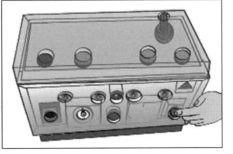

図39d. 安全で簡単な操作を保証するために透明であるが強い材料を使用して下さい。

チェックポイント40

非常停止用スイッチは見つけ易く、操作し易くする。

なぜ

どの機械でも、非常停止用スイッチははっきりと見え易くなければなりません。事故や間違いは予期せず起こる可能性があります。誰かが危険な機械部分に巻き込まれた場合、即座の処置が必要です。緊急時の操作装置は、訪問者や外部者を含め、誰もが簡単にそれらを見て、それらがどのように働くのかを理解できるように、設計されている必要があります。

誤解や間違いを避けるため、各スイッチと操作装置にラベルを貼り付けて下さい。ラベルははっきりと見えるようにし、簡単でわかり易い言葉を使用する必要があります。もちろん、それらは現地語で書かれていなければなりません。

様々な操作装置やスイッチには異なる色や形を使用することが賢明です。同様の色や形は、毎日機械を使用している農家であっても、誤解を招く可能性があります。そのような誤解の結果は深刻な事故になる可能性があります。

どうやって

1. 緊急制御装置または機械のスイッチをユーザーの手の届くところに置きます。他のスイッチとは分けて下さい。

2. 緊急制御装置またはスイッチが他の制御ボタンと同じ場所に置かれている場合は、赤色、大きいサイズ、および珍しい形を使用するなど、明確に見えるようにします。

3. 操作装置とスイッチのラベルには、大きくて明確な文字を使用します。不明確なラベル、または外国語で書かれたラベルは、その国の言語で明記されたラベルに置き換えて下さい。

協力を促進する方法

家庭や農場で使用されている機械で緊急制御とスイッチを見つけることができます。それらがはっきりと見え、理解し易いかどうかを確認して下さい。あなたの家族や農業者の友達に、操作装置やスイッチに明確なラベルを付けるように勧めて下さい。それらは現地語で書かれていなければなりません。一緒に、明らかに見えるスイッチと操作装置を設計して下さい。あなたの隣人と良いデザインを共有しましょう。

さらなるヒント

— どの操作が制御されているかを明確にラベル表示して下さい。スイッチにシンボルを使用する場合は、明確で理解し易いシンボルでなければなりません。

— 操作装置とスイッチの方向は、常識や地域の習慣を使って理解し易いものでなければなりません。例えば、多くの国や文化では、ONは上、OFFは下です。

覚えておくべきポイント

はっきりと見えて分かり易い操作装置とスイッチは、緊急時にあなた、家族、友人を救うのに役立ちます。

図40a. 機械の非常用制御装置をはっきりと見えるようにし、ユーザーの手の届くところに置いて下さい。

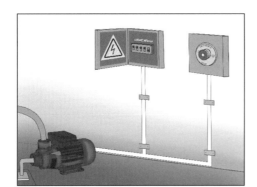

図40b. 見易いボードに取り付けられたポンプの緊急制御装置。このようなコントロールは他のスイッチとは別にして、その国の言語でラベルを付けて下さい。

図40c. 見易い操作装置、スイッチ、ディスプレイを備えた電気ボード。すべてがその国の言語ではっきりと記されています。

農耕用車両

　農耕用車両は、産業発展先進国と途上国の双方で使用が増えています。これらの車両を操作する際の安全と健康は、その設計の人間工学に密接に関連しています。この章では、農耕用車両の安全性と健康状態を改善するための実践的なアイディアを紹介します。機械の安全に関する基本的な注意事項に加えて、安全で快適なキャビンの設計、交通安全、転倒事故防止には特に注意が必要です。

チェックポイント41

　必要な安全装置を備えた農作業のために適切に設計された農耕用車両を購入・使用する。

なぜ

　農場において、農耕用車両は深刻で致命的な事故の主な原因です。 購入前に車両の設計と操作手順を確認することで、このような事故のリスクを大幅に軽減することができます。

　重要なリスクである、転倒事故、牽引機械の墜落、または牽引機械への巻き込まれから、運転者を保護することは特に重要です。購入する車両が実際の現場で安全に操作できるかどうかを知ることが不可欠です。

　機械の運転制御だけでなく、アタッチメント、日常点検、気候条件など様々な現場条件での様々なリスクについても検討する必要があります。これらの点を確認することで、あなたの地域の状況に適した車両を選択することができます。

どうやって

1．農業機械の安全な運転に精通している人々と車両およびその取扱説明書を確認して下さい。また、斜面を含む様々な現場条件での作業手順を確認して下さい。

2．車両の操作器具やその他の付属品の安全面も確認して下さい。

3．転倒事故に対する注意を慎重に調べます。斜面や異なる操縦での車両の安定性を考慮する必要があります。

4．部品の移動や突出、ガス、騒音、熱い表面からの潜在的な怪我の危険性について他の人と話し合いましょう。

5．現場で修理を行ったときは保護装置の復旧など潜在的なリスクを回避して下さい。

協力を促進する方法

　車の運転経験が豊富な方を含め、購入する車両の安全性については、常に同僚と話し合って下さい。役に立つアドバイスに従って、オプションを比較して下さい。

さらなるヒント

— 農耕用車両の重大な事故の原因を調べましょう。転倒や転倒の危険に注意を払う必要があります。運転室が保護されていることを確認して下さい。

— 車両の安全性を確保するために、アクセス道路、運行現場、車両倉庫を変更する必要があることがよくあります。

覚えておくべきポイント

　購入前に、車両の安全性については、同僚や他の有識者と相談して下さい。転倒やその他の重大な安全上のリスクや健康面を考慮して下さい。

図41a. 購入している農耕用車両の操作マニュアルと安全な操作手順に慣れて下さい。農業機械の安全性についてよく知っている人を含む他の人からアドバイスを受けて下さい。

図41b. 農耕用車両に取り付ける器具の作業手順と関連する安全面を点検して下さい。

図41c. 他のタイプの農業機械と購入しようとしている車両を、仕事の実績と安全性について比較して下さい。これにより、車両の必要性をより慎重に調べるのに役立ちます。

チェックポイント42

十分な数の交通標識、ミラー、警告標識およびリフレクタを設置する。

なぜ

農耕用車両は公共道路と圃場内道路の両方で運行されています。圃場内道路に沿って、公共道路との交差点に追加の交通標識を設置すると、農耕用車両の安全が向上します。

ミラーは、特に圃場付近での人や物の視認性を確保するために、農耕用車両にとって重要です。

農耕用車両は車とは異なる形状をしていることから、特に公共道路では、農耕用車両の角や作業機に設置されたリフレクタが重要です。

どうやって

1. 農耕用車両が使用するルートに交通標識を設置して下さい。ミラーやリフレクタを急なカーブや道路の狭い場所、平らでない場所に設置して注意喚起します。

2. 農業地帯では、交通事故に農耕用車両と農業用動物の両方が関与する可能性があります。公道との交差点での安全な交通を確保するための警告看板を貼り、動物が道路を横切る可能性のあることについて注意喚起をして下さい。

3. 車両のミラーを慎重に保護し、損傷したものを速やかに修理し、運転者の視認性を確保して下さい。

4. 安全用のリフレクタは、灯火がない農耕用車両にとって特に重要です。車両の安全用のリフレクタをきれいにして汚れから守って下さい。破損したリフレクタを見つけたらすぐに交換して下さい。

協力を促進する方法

他の農家や隣人と話し合って、道路上の交通標識、警告標識、ミラー、リフレクタの設置や改善をして下さい。問題を自分で解決できない場合、または近隣の人や他の農家と一緒に問題を解決できない場合は、コミュニティと地方自治体の助けを借りて下さい。

さらなるヒント

— あなたの農耕用車両には必ず交通安全用の停止表示板を携行し、故障状況に適切に置きます。暗くなってから車両の外に出るときには、安全服を着用して下さい。

— 切れたライトはできるだけ早く交換して下さい。運転者が道路状況だけでなく、交通警戒標識やリフレクタを適切に見るためには、灯りの点灯が不可欠です。

覚えておくべきポイント

適切な交通安全標識、警告標識、ミラー、リフレクタは、農耕用車両による事故や怪我の予防に不可欠です。

図42a. 公道との交差点での安全な交通を確保するために、警告標識と鏡を設置して下さい。

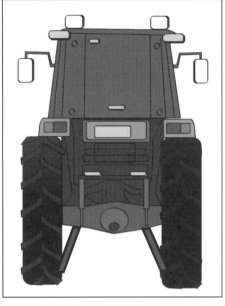

図42b. リフレクタ、追加のライト、車両の両側のサイドミラー。

図42d. 作業服やヘルメットに貼付した反射ステッカー。

図42c. 安全のためには、農耕用車両取り付け用リフレクタが不可欠です。

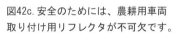

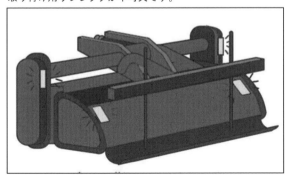

チェックポイント43

十分な講習の受講と簡単操作マニュアルにより、農耕用車両の安全な運行を確保する。

なぜ

農耕用車両を運転するときには、道路や圃場での運転から、作業機、保守点検、駐車時の取り扱い至るまで、注意深く観察する必要があるいくつかの予防措置があります。体系的な訓練は不可欠です。

定期的な点検や修理の際には、取扱説明書の指示に従わなければなりません。これは、指導訓練によって達成されます。

一旦車両が納品されると、事故、火災、健康被害を回避する責任を負うのは運転者です。読み易い操作マニュアルが不可欠です。

どうやって

1. いかなる農耕用車両でも運転をする前に、安全運転に関するトレーニングコースに参加する必要があります。

2. パンフレットやビデオを使用して、農業用車両の運転と整備に必要な安全予防策について、隣人や家族と話し合って下さい。

3. 新しいタイプの車両については、古いタイプと異なる安全対策と追加の予防措置について徹底的に学びます。

4. 車両を使用して行う毎日の作業を始める前に、作業手順に関連する危険性に関する簡単な打ち合わせを、作業に参加しているすべての人々で行って下さい。

5. 安全上の質問がある場合は、ユーザーズガイドの安全の手順に従って、他の経験豊富な人や車両販売業者に問い合わせて下さい。

協力を促進する方法

交通事故防止のための安全予防措置については、近隣住民や家族との間で短時間の会議を開催して下さい。会議中に提起された質問については、近隣の農業機械センターに相談して下さい。

さらなるヒント

— 安全な車両の運行と事故について、近隣住民や地元組織と情報を交換して下さい。

— 再訓練コースや農家の地元の会合を通じて、車両運転の安全対策を確保するための現地改善について学びます。

覚えておくべきポイント

慎重で安全な運転者は、農耕用車両が関わる事故や健康被害を避けることができます。取扱説明書に記載されている必要な予防措置を十分に理解し、農家の運転や保守に必要な安全対策について、隣人や家族と話し合いましょう。

図43a. 作業前の点検、現場での安全な作業手順、保守など、農耕用車両の安全運転に関して十分な訓練を提供して下さい。

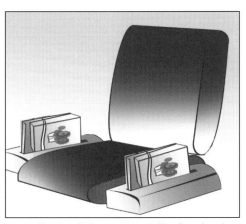

図43b. 簡易版の操作マニュアルと修理指示書は車内に保管し、運転手の手の届くところに置いて下さい。

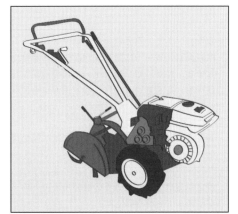

図43c. 車両やその他の農作業機械の安全運転に関する研修は、現地のニーズを満たす一貫した方法で提供されるべきです。作業者は、簡易版のマニュアルを常に利用できるようにしておく必要があります。

チェックポイント44

移動する車両に対して適切なルートと傾斜であることを確認する。

なぜ

農耕用車両は、忙しい農繁期にはほとんど毎日、また時には他の季節にも頻繁に使用されます。車両の移動にとって安全なルートがあれば、事故を大幅に減らすことができます。

格納庫内や格納庫の周りを移動する際の急な段差は、しばしば事故につながる困難を引き起こします。頑丈な斜面を設け、不要な高さの差をなくすことが重要です。

圃場へのルートやアクセス道路のスロープは、車両操作の難しさや事故の可能性を避けるために注意深く配置する必要があります。これは人々の協力によって達成されます。

どうやって

1. 農耕用車両がその格納庫から畑に移動するすべてのルートの安全性をチェックします。車両の円滑な移動に必要な段取りについて話し合って下さい。

2. 車両ルート上の不要な段差をなくすか、または軽減し、ルートに障害物がないことを確認します。必要に応じて、十分な幅の適切な傾斜を設けて下さい。また、橋や運河にも注意して下さい。

3. 車両の安全な移動のために、特に雨や雪の後に、路面を適切に維持して下さい。

4. 安全な道の良い例と近くの農耕用車両へのアクセスルートから学びます。

協力を促進する方法

安全な道路と農耕用車両の走行ルートについて話し合うため、農家と地元組織の特別な会議を開催して下さい。人の協調によって道路や走行ルートを改善しましょう。

さらなるヒント

— 道路の表面や車両へのアクセスルートに適した材料を探します。雨季の困難や被害を避ける方法を検討して下さい。

— アクセスルート、その表面、傾斜台、斜面の若干の低コストでの変更は、しばしば非常に便利です。あなたの隣人や家族とのディスカッションを通じて、便利なオプションを試してみて下さい。

覚えておくべきポイント

安全で滑らかな農業用ルートは、時間と労力を節約し、事故を減らすのに役立ちます。ルートを改善する最善の方法は、近隣や家族との必要な変更について話すことです。

図44a. 可能であれば、ルートが農耕用車両のために十分広いことを確認し、急な段差がないようにして下さい。

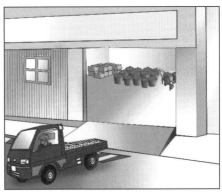

図44b. 倉庫の床と外側の地面との間に高低差がある場合には、倉庫の車両の入口に十分な幅の傾斜路を設けて下さい。

図44c. 車両を道路から船に積み降ろしする場合は、丈夫な桟橋を用いて下さい。

図44d. 車両がトラックやボートに載っているときは、安全でスムーズな車両の積み降ろしを確保するように段取りをして下さい。

チェックポイント45

キャビンと座席の安全性と快適性を高める。

なぜ

　農耕用車両は、多種多様な現場条件で使用されています。運転者と周囲の人間の双方の安全を確保することができる好ましい運転席の設計は重要です。運転席の安全に注意することは、現場での安全性を高めるための良い出発点です。

　運転席を巻き込む事故はしばしば重大な結果をもたらします。予防だけでなく、そのような事故の重大さを減らすためにも対策が必要です。通常、車両の転倒対策は、危険な状況で運転する農家の命を救うことができます。

　運転室の快適さは、車両の安全性を向上させます。例としては、暑さや寒さからの保護、騒音と振動の低減、良好なシートベルト、着座した運転手の良好な視認性が挙げられます。

どうやって

1．車両が転倒した場合、運転者が怪我をしないように運転室が頑丈な構造になっていることを確認します。

2．太陽熱や大雨からドライバーを保護する必要性を調べます。過度の暑さや寒さで長時間運転するには、自動車のような完全に密閉された空調キャビンが必要な場合があるからです。

3．運転席に簡単に乗降できるようにします。取っ手やハンドルが付いた適切な高さの頑丈なステップが役立ちます。

4．シートベルトが不快感を与えないようにして、確実に固定されていることを確認します。

5．騒音や振動、運転席からの視界など、運転者の快適性を様々な方向で調べます。

協力を促進する方法

　他の車両の運転室に加えられた改善から学びます。運転室の状態を改善できる低コストの方法について話し合って下さい。

さらなるヒント

— 重要な操作装置とディスプレイにラベルを貼って、経験の浅い運転者でも圃場で安全に車両を操作できるようにします。

— 座った場所から簡単に手の届くところに飲料水のボトルを入れる場所を設置しましょう。

— 異なる体格の運転者を考慮しても、着座位置からの良好な視認性が確保されるようにして下さい。

覚えておくべきポイント

　運転席の設計は、農耕用車両の運転手の安全と快適さのために重要です。

　転覆、悪天候、経験の浅い運転者など、潜在的な極端な状況も考慮して下さい。

図45a. すべてのトラクタは、致命的な事故の大部分を回避する安全ベルトと組み合わされたロールオーバー保護構造（ROPS）を装着すべきです。

図45b. 運転席への簡単な乗降、適切な座席と気象条件からの保護、騒音と振動の削減、滑り止めの設置、座り心地の確保は、操作ミスを回避するために重要です。

チェックポイント46

車両が荷物を安全に運搬できるように、適切な積載状態を確保する。

なぜ

様々な種類の資材や農産物が農耕用車両でに運ばれています。工具や機械もしばしば運ばれます。適切な荷役および荷降ろし手順は、輸送中の事故および損傷を軽減します。

運ばれる荷物を保持するための装置は、運搬中の荷物の落下や崩壊を防ぐために重要です。ロープとパッケージを結ぶなどの簡単な手配でそのような事態を防ぐことができます。

資材や農産物などの重量物を積み込んだり、あるいは持ち上げたり下ろしたりするための装置は、安全な輸送確保、適切な取り扱いに役立ちます。

どうやって

1. 荷物を輸送のために車両に積み込む前に、できるだけコンパクトで持ち運びが容易な荷物を作る。適当な大きさの適切に準備されたパッケージ、バンドルおよび容器が有用です。

2. 荷物と他の種類の荷物をロープで適切に車両に結びます。車両の積荷輸送用に特別に用意されたロープを使用する必要があります。荷台に載せられた荷物を結び付けて固定するトレーニングを受けて下さい。適切な結び付け技術を使用しなければなりません。

3. 車両に搭載された特定の容器、工具、機械を結ぶための特別な段取りをします。これは輸送中の不規則な形状の荷物の危険な動きを防ぐのに非常に役立ちます。必要に応じて、荷物を完全に覆い、カバーをかぶせます。

4. 重い荷物を積み下ろしするための装備は、取扱い中の怪我を防ぐのに有効です。

協力を促進する方法

農産物や資材の輸送は、通常、多くの人々によって行われます。これらの人々の簡単な会合で、そのような負荷を扱うスムーズな方法について話し合います。

さらなるヒント

— 運搬中に、小さな容器や重い荷物を、コンテナやプレートなどで保護するための工夫をします。これにより、損傷や落下を防ぐことができます。

— 輸送中に荷を結ぶためにロープまたはコードを使用します。適切なロープとゴムコードを常に持ち運び、結束の必要が生じたときに使用できるようにして下さい。

覚えておくべきポイント

農耕用車両によって運ばれる積荷は、形状およびサイズが異なることがあり、車両は、凹凸のある路面に沿って走行しなければなりません。積荷を適切に縛るためには、特別な注意とトレーニングが必要です。

図46a. 適切な容器に農産物を入れ、それらを車両の荷台にきちんと積み重ね、適切に結んで下さい。

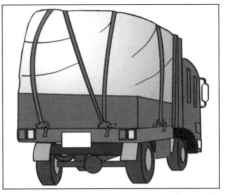

図46b. 積み込まれた資材や製品のカバーは、損傷や落下を防ぐのに役立ちます。

図46c. 適切なゴムコードや特殊なロープを使用して、さまざまな形状のコンテナまたは機械を車両にしっかりと固定します。凹凸のあるルートに沿っての輸送でも荷物が動かないように注意して下さい。

チェックポイント47

作業中に車両が側方に転倒したり、後方に転倒したりしないように注意する。

なぜ

農業における最も重大な事故は、一般に、トラクタなどの農耕用車両が側方に転がったり、後方に転倒したりした場合に発生します。転倒保護構造（ROPS）または頑丈な閉鎖されたキャビンを車両に取り付けることは、重大な傷害を防ぐ効果的な方法です。

丘や傾斜地では、トラクタの転倒の危険性が大幅に高まります。急な斜面での運行をできるだけ避けて危険を最小限に抑えて下さい。転倒事故は、斜面での車両運行の安全手順に従うことによって、さらに防止することができます。

どうやって

1. 現場で使用されているトラクタまたは車両に、認定された基準を満たす転倒保護構造または密閉型キャビンが取り付けられていることを確認します。

2. 転倒事故のリスクを低減するための操作マニュアルを参照して下さい。作業機は、取扱説明書に従って厳密に適合させて下さい。車両ではシートベルトを使用して下さい。急な斜面または交差斜面での車両操作の機会を最小限に抑えます。

3. 予期しない事態を制御できるように十分に低い速度で運転して下さい。

4. 重いアタッチメントを車両の低い位置に取り付けて重心を下げます。これにより、転倒のリスクを低減できます。

5. 旋回する前にあるいはブレーキをかける前に速度を下げる。溝、丸太、岩、凹み、堤に注意して下さい。

6. 転倒保護のない古いモデルの場合は、適切な保護装置を取り付ける方法について販売業者に相談して下さい。

協力を促進する方法

経験豊富なオペレーターのアドバイスに従って、斜面上の車両の運転を慎重に計画する。最も安全な方法についてのグループディスカッションは大いに役立ちます。

さらなるヒント

— 車両が転倒する可能性があるため、大きな障害物や突然の高低差に注意して下さい。

— 一人で作業するのは避けて下さい。トレーニングを受け経験を持って助けてくれる人に聞いて下さい。

覚えておくべきポイント

転倒保護フレームは、重大な転倒傷害を避けるために不可欠です。低速での運転や旋回など、安全に坂道で車両を運転する場合の注意事項に厳密に従って下さい。

図47a. カウンタウェイトを車両の低い位置に装着して重心を下げるようにして下さい。

図47b. 車両の後部のアタッチメントは、重心を下げることができ、予期せぬ転倒のリスクを低減するように作用します。

図47c. 15度を超える斜面に沿っての農耕用車両の運用は避けて下さい。特別に設計された車両を使用し、安全上の規則に従って下さい。

チェックポイント48

運転者が装着した作業機や積載物を容易に見ることができるように、車両の様々な部分を調整する。

なぜ

農場の特定の作業のために、ますます多様な農耕用車両が設計されています。これらの車両では、運転者の視認性が安全対策上の重要な部分を占めます。

作業機は車両操作上で視界を遮る主な原因であるため、周囲の視認性を高めるように配置して下さい。

現場では、農耕用車両はしばしば資材や農産物を運ぶために使用されます。運転者の位置からの視界を確保して下さい。

どうやって

1. 農耕用車両の運転者の位置から周囲の視界をチェックします。現場でどのようにすれば視界を確保できるか話し合いましょう。

2. 運転手が妨げられることなく車両の進行方向を視認できることを確認して下さい。低い位置に作業機を適切に固定することは視界の確保に役に立ちます。もし必要であれば販売業者にその方法を相談して下さい。

3. 追加のミラーを取り付けて、前面、側面および後面の視認性を向上させます。ミラーの位置および方向は、個々の作業者の必要に応じて変更することができます。

4. 車両が積載する資材や農産物の位置を再調整します。運転者の視界に影響を与える場所には絶対に積まないで下さい。

5. 注意深いテストの後、周囲の視認性が高められた新しいタイプの作業機が検討されることもあります。

協力を促進する方法

様々な圃場条件で運転者の視界を確保する方法については、同僚と話し合って下さい。ミラーや視力を高めるその他の簡単な手段を試してみて下さい。

さらなるヒント

— 車両操作のための体系的な安全対策の一環として、運転者の位置からの視界を確認して下さい。日々の業務の変化に応じて、車両の安全性の改善について議論することは常に有用です。

— 圃場で車両を旋回させるときは特に注意して下さい。事故や損傷を避けるために、溝、凹み、隆起などの障害物を探します。

覚えておくべきポイント

車両運転中の視認性は、安全対策の重要な部分です。個々の運転者の要求に合わせて、運転位置からの視認性を高める努力をしましょう。

図48a. 運転席からの視界を確保する。良好な視界は、運転操作が簡単な小型田植機の特徴の一つです。

図48b. ミラーを使用すると、運転者の前後の視野を増大させることができます。

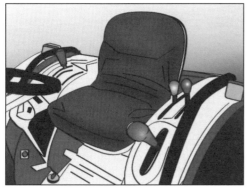

図48c. 操作装置の位置と座席の配置は、周囲の良好な視界確保に寄与することができます。

図48d. 運転席からの視界は、車両の前方または後方のカメラからの画像を特別なモニターに示すことによって改善することができます。

物理的な環境

　農家は高温多湿の環境で働くことが多々あります。あなたの健康と安全のために、特に、強い太陽光、暑さ、寒さへの対策が重要です。これらの極端な環境で作業する場合、あなたを守るための実践的な対処方法があります。昼光と照明器具の併用と、自然換気と熱からの保護の併用とを組み合わせると便利です。化学的な汚染の危険が潜在する発生源があるところでは、こうした発生源を可能な限り隔離したり、覆ったりしておくことが重要です。家畜を飼っている場合は、怪我や感染症があるため、安全と健康のために特別な注意を払う必要があります。

チェックポイント49

高い窓や天窓を使ったり、壁を明るい色で塗装したりすることによって、建物内の昼間の光の利用を増やす。

なぜ

昼光は最も良い、最も安い照明源です。昼光の利用はエネルギーコストを削減します。職場における適切な照明は仕事の効率を改善し、間違いや事故のリスクを最小限に抑えます。さらに、生理学的には、昼光は、人間の視覚系および人間の概日（24時間を1日として認識する）システムに対する有効な覚醒剤です。心理的にも、昼光と眺望が得られることは、人々が住んでいる国にかかわらず望ましいとされています。

壁や天井に適した色は非常に重要です。明るい色の壁や天井は光の反射を増やし、より良い照明条件と省エネをもたらします。明るい色で塗られた壁は、効率的な作業のための良い環境を作り、部屋をより快適にし、間違いを最小限に抑えるのに役立ちます。

どうやって

1. あなたの家や室内の作業場により多くの光が入る様に、窓やドアを開けて下さい。窓は定期的にきれいに拭きましょう。光が入るのを妨げる可能性がある物を窓の側から片付けましょう。

2. あなたの家や作業場でもっと光が必要な場所を認識して下さい。キッチン、作業台、その他の場所をチェックしましょう。昼の光源の側に作業場を近付けるように配置を変えてみましょう。

3. あなたの仕事のために、家の奥まで外の光が入るように窓を拡大しましょう。

4. より光が入るように屋根や天井には透過性のある素材や透明なプラスティック板を使いましょう。

5. 壁や天井の塗装や装飾には、明るい色を選びましょう。例えば、使用済みのカレンダーや肥料袋の白い面を使って壁や天井を明るくすることができます。定期的に壁をきれいにしましょう。

協力を促進する方法

あなたの村のいくつかの職場を訪問し、昼光が最大に使用される良い例を見つけて下さい。良い例には、作業場の模様替えや、明るい壁や透明素材への変更などがあります。隣人との情報交換を促進して下さい。こうした改善のための行動は、それほどコストがかからず、効率を高めることができます。

さらなるヒント

— 昼間に仕事をして日光を最大限に活用できるならば、夜間の作業は避けて下さい。

— 暑い季節には、窓や天井が家を暖めることがあることに注意して下さい。寒い季節には、暖かさが失われる可能性があることに注意して下さい。

— 窓のカーテンやスクリーンを使用して、日射を調整して下さい。

覚えておくべきポイント

昼光は最も良い、最も安い照明源です。

図49a. 壁や天井からの反射光を得るために、明るい
色の塗料（あるいは白い肥料袋）を選んで下さい。
作業台を壁の側に移動しましょう。

図49b. 昼光が入り易くなるように、天井や屋根に
は、透明なプラスティックの板、あるいは光が通
る素材を使って下さい。

図49c. 昼光を使える利点のために、作業台の場所はドアや窓の側にして下さい。

チェックポイント50

作業の種類に応じて、十分な明るさを確保するために、灯りの位置を変えたり作業灯を使用したりする。

なぜ

特に精密な作業や検査業務には、十分な明るさが必要です。農生物の取り扱いにおいてもこのことは当てはまります。十分な灯りを得るための簡単な方法は、あなたの作業対象の側に灯りを置き直すことで、より沢山の光をあなたの作業面に当てることです。

適切な場所に置かれた作業灯は、劇的に仕事の質と安全性を改善します。全体的な明かりと局部的な灯りの組み合わせは、それぞれの作業での限定的な要求を満たすためにも有効です。

どうやって

1. 作業の性質を考えて十分な灯りを提供して下さい。作業の質と安全を改善するためにより多くの明るさが必要か否かをチェックして下さい。高品質な農産物を取り扱うような精密な仕事や検査業務には特に重要です。

2. ランプが適切な位置にある場所では、ランプの高さや位置、作業対象に降り注ぐ光の向きを変えて下さい。

3. 精密な作業や検査業務を行う場所には、局所的な灯りを設置して下さい。シールドが付いた局所的な灯りは、影の位置や光が作業者の目に直接入らないように配慮して配置する必要があります。

4. いずれにしても全体の明かりと局所的な灯りの連携を取って下さい。このことは作業位置と背景のコントラストを付けるのに役立ちます。

5. 灯りは定期的に点検して下さい。ランプと照射口は清掃して下さい。使い古した電球や蛍光管は交換して下さい。

協力を促進する方法

人々は通常、より安全で生産的な作業のために、より多くの光が必要な場所を知っています。屋内での作業や夕方や非常に早朝の照明など、照明の改善が考えられる場所について、同僚や家族と話し合って下さい。低コストで照明を改善する多くの方法があります。

さらなるヒント

— 昼光とランプによる灯りを組み合わせて下さい。つまり、通常はこの方法が灯りを改善するのに最も適用し易く、経費も合理的だからです。

— 適切な灯りがあるところでは、容易に動かすことができ、好ましい場所に設置できる局所的な灯りを使用して下さい。

— 精密な仕事や検査業務では、作業者の年齢を考慮して下さい。高齢者はより明るさを必要とします。

覚えておくべきポイント

十分で良質な明りを最小限の経費で設置しましょう。灯りがあるところでは、昼光と局所的な灯りを組み合わせて下さい。

図50a. 精密作業や検査業務のために十分な明るさが得られるように灯りの位置を調整しましょう。

図50b. 灯りは明るさが十分で、かつ影やまぶしさがないか、確認しましょう。

図50c. 精密作業には作業灯を用いましょう。そこで行われる作業を考慮して照らすのに適切な位置かをチェックして下さい。

チェックポイント51

壁や屋根に断熱素材を裏打ちして、建物の断熱性を改善する。

なぜ

暑い夏季や熱帯地方では、屋外の暑さは強烈です。屋外作業では日除けや遮光幕が必要な場合があります。屋内作業で最初にすべきことは、部屋や作業場に入る日射の量を減らすことです。

部屋や作業室に入ってくる日射を減らすための効果的な方法の一つは、建物に遮光を行うことです。低コストで日射の影響を減らす方法は沢山あります。

どうやって

1. 家の中や作業場に貫入してくる熱を減らすために屋根の下側や壁の内側に断熱用の素材を設置して下さい。日射で簡単に暑くなる屋根や壁の素材は避けて下さい。良い天井も建物に入る熱を減らすことができます。

2. 暑い気候の場所では、屋根や壁は明るい色で塗りましょう。これによって日光の多くが反射され熱が内部に入る熱を減らすことができます。

3. 日除けや窓の覆い、幕を用いると日射が壁や作業室を加熱することがなくなります。壁に降り注ぐ日光を遮る日除けや幕は特に有効です。

4. 暑い表面から放出される熱線や暑くなった器具から作業者を守って下さい。作業者に達する熱の放射を減らす最も良い方法は、熱源と作業場の間に幕やバリア、断熱性の壁を置くことです。

5. 外から侵入する日光や埃を抑えるために木や茂み、草花を植えて下さい。

協力を促進する方法

あなたの隣人から太陽熱からの防護の例を学びましょう。過剰な太陽熱は日常的な問題であり、その影響を減らす方法の例は沢山あります。断熱素材、日除け、幕およびその他の手段の効果を利用する方法の他にも様々な有用な方法があります。ここに示した例の他にも費用対効果の高い方法を試してみて下さい。

さらなるヒント

— 反射ガラスや着色ガラスの使用は、太陽光を反射するのに効果的です。例えば、窓ガラスの上部を青色の水性塗料で塗ることは有用です。

— 窓から室内に侵入する熱線を減らすためには、カーテンや幕を使って下さい。

覚えておくべきポイント

外部の熱や日光の影響を減らすためには複数の方法を使って下さい。それらを組み合わせて使用することで、より多くの効果を得ることができます。

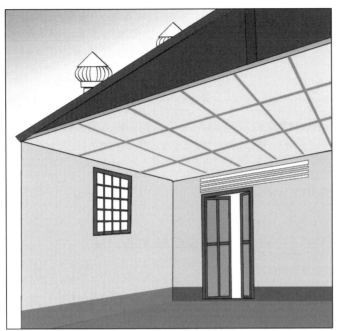

図51a. 屋根や壁の内側に断熱材を使い、天井を取り付けて下さい。空気の流れを増やすために吸気口と排気口は、熱の影響を減らすことに役立ちます。

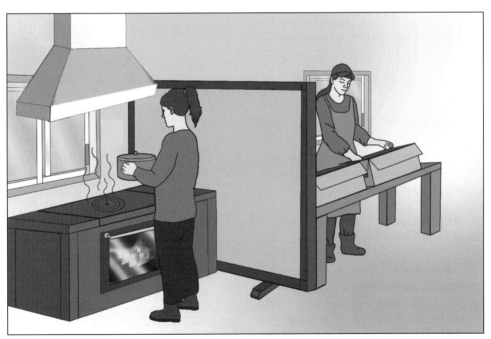

図51b. 加熱された装置からの熱放射から作業者を守るためには、スクリーンや衝立を使って下さい。

チェックポイント52

過度の暑さ、寒さへの長時間の暴露を避ける。

なぜ

強い日射を避けるために農家はしばしば早朝から作業を開始します。強い日差しの中で作業をすることは、効率と生産性を下げます。それは、疲労、皮膚の問題、さらには農業従事者へのショックを引き起こす可能性があります。強い日差しの中で働くことは、あなたの体からの深刻な水分損失を招きます。

太陽光の一部である紫外（UV）放射線は、人間の健康に対して大きな意味を持っています。太陽紫外線への過度の暴露は、皮膚、目および免疫系に急性および慢性の健康影響をもたらす可能性があります。最も重篤な場合、皮膚癌や白内障を引き起こします。紫外線は、太陽光が増加すると高くなり、夏の昼間（太陽の正午）頃に太陽が最高高度にあるときに最大レベルに達します。

寒い季節には、比較的遅く作業を開始するか、屋内作業を増やして下さい。頭皮と周囲空気との間の熱交換は非常に効率的であり、頭部は寒さに敏感です。首の周りにスカーフを巻くか、または首元までジッパーを上げることができるジャケットを着用して下さい。

どうやって

1. 強い日差しからあなたの肌を保護して下さい。強い日差しの下で働くときは、明るい色の長袖の服が適しています。

2. 寒い季節には、服を重ねて着用して下さい。重ねて服を着ることは、空気をよりよく捕捉する傾向があり、空気は断熱材として働きますので、断熱層は多いほど良好です。天然素材製の服はより良い呼吸をする傾向があります。これは、あなたが活動していて汗をかいているときに特に役に立ちます。この汗を蒸発させて、あまり活発でないときに寒くならないようにする必要があります。

3. 紫外線や熱を減らすために、頭を覆える大きなつばが付いた帽子やタオルを使って下さい。

4. 強い日差しや厳しい寒さに暴露されることを減らすために、作業スケジュールを改善して下さい。日差しが強い季節は早朝から作業を開始し、日中の作業を避けましょう。

5. 寒い季節は比較的遅い時間に作業を開始するか、室内作業を増やしましょう。他のどの身体部分よりも頭を通してより多くの熱を失うことに配慮して、常に帽子を着用して下さい。首の周りを覆うスカーフ、または首までジッパーを上げられるジャケットを着用して下さい。

協力を促進する方法

農家は過度の暑さと寒さから身を守るための良いアイデアを沢山持っています。暑さと寒さへの暴露を減らすために適切な作業スケジュールを調整することは特に重要です。よりよい作業スケジュールを設定するための経験の交換を促進して下さい。もう一つの重要な協調は、地元の素材から作られた保護服の良い例を共有することです。過度の暑さや寒さからの保護の必要性を認識して下さい。

さらなるヒント

— 強い日差しの中で作業するときは頻繁に休憩を取りましょう。

— 可能であれば、重い荷物を運ぶなどの重作業は、日照があまり強くない早朝または午後遅い時間に実施して下さい。

— 日差しからあなたを守るために、大きなつばが付いた帽子を選んで下さい。

覚えておくべきポイント

暑さや寒さへの過度の暴露を避けるために、仕事のスケジュールを調整したり、保護服を使用したりして下さい。

図52a. 強い日差しの中で作業するときは、作業場所の近くに簡単な避難所を設置します。

図52b. 日中の強い日差しを避けるために早朝から作業を始めましょう。

図52c. 圃場での作業では、紫外線や熱の対策のために薄手の長袖シャツと幅の広いつば付の帽子を着用しましょう。

図52d. 圃場に行く前に、ブラウス、帽子、手袋、布製の長靴、その他、耐寒用に適した服装を準備し、着用しましょう。

チェックポイント53

屋内作業場には、開口部、窓、または出入口をより多く設け、自然換気を促進する。

なぜ

新鮮な空気は健康とエネルギーの源泉です。良好で自然な空気の流れは、家や屋内作業場から熱と汚染された空気を取り去ります。暑く、換気の悪い環境は健康的ではありません。作業者の疲労を助長します。そのため、作業効率が低下し、間違いの数が増えます。

農家は屋内で農作物を梱包したり、農作業用具を修理したりすることがよくあります。農家の家族は、料理、食事、睡眠、勉強のために家で多くの時間を費やしています。自然の空気の流れは、寒い季節以外では、常に、確保すべきです。換気の悪い環境は、特に高齢者や子供にとって有害です。

どうやって

1. 台所やその他の屋内作業には、良好で自然な空気の流れがある場所を選択して下さい。このことは暑い季節には特に重要です。

2. 開口部と窓の数を増やします。既存の窓を大きくするか、窓からの良好な空気の流れを得るために障害物を除去して下さい。

3. 屋根に小さな開口部を作ります。 この開口部を通して、自然な上向きの空気の流れが、加熱された空気を放出します。

4. 自然な空気の流れが十分確保されていない場合は電動ファンを使用して下さい。

5. すべての窓を定期的かつ頻繁に開放して下さい。屋内の良好な換気を妨げるような物品を除去して下さい。

協力を促進する方法

近隣農家の屋内作業場や家を訪ねてみて下さい。自然な空気の流れがどのように活用されているかを見て、良い例から学んで下さい。屋内の雰囲気を改善するために情報交換をして下さい。

さらなるヒント

— 調理用コンロやボイラー、機械など、家の中にある熱源を移動または隔離して下さい。

— 必要に応じて屋根の下に天井を設置します。天井は屋根からの輻射熱を削減します。

覚えておくべきポイント

良好な自然の空気の流れは、家の中や屋内の作業場から熱と汚染された空気を取り除きます。

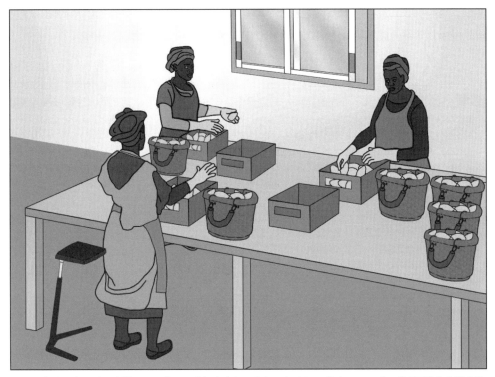

図53a. 多くの窓とドアを開けて下さい。良好な空気の流れのために、多くのルーバー式の天窓や小窓を設置して下さい。

図53b. ドアのない入り口にすると自然換気が増加します。

図53c. 屋内に作業台を設置する時は換気が最も良い場所を選定して下さい。テーブルを窓側に置いて下さい。自然換気を妨げる障害物を除去して下さい。

チェックポイント54

酸素欠乏が起きる可能性があるサイロや密閉された場所に入る場合は、入る前に十分な空気を供給する。

なぜ

気密な場所や換気が不十分な閉じた空間は、中に入った作業者が酸素欠乏や有毒ガス、あるいは中に残存した危険な物質にさらされるかもしれない非常な危険があります。例としては、サイロ、ピット、タンク、気密な保管庫があります。適切な事前の注意を払うことで、作業者は安全に中に入ることができます。

狭い場所の危険性は容易には見えません。こうした場所の中で作業を行う場合の特別な手順項目に従って、最大限の注意を払う必要があります。危険な場所には訓練を受けた作業者だけが中に入ることを許されます。

どうやって

1. 閉じた空間での作業経験がある人から一連の作業手順について助言を受けて下さい。入場許可が必要な危険な空間を認知して下さい。訓練された作業者だけがこうした場所に入ることが許されるということを確認して下さい。

2. 閉じた空間の内部の酸素濃度や有毒ガスの有無をそこに入る前にチェックして下さい。閉じた空間に入る前に新鮮な空気で十分に換気するという厳格な規則を作って下さい。もし酸素濃度や有毒ガスを計る器具がない場合の一つの実用的な方法として、新鮮な空気で十分な換気を行った後、火を付けたロウソクを用いれば酸素濃度をおおまかに知ることができます。また、生息していた動物の死骸などで有毒ガスの有無を知ることができます。

3. 閉ざされた空間で作業中に安全な状態が維持されるように、十分な自然換気または機械換気が維持されていることを確認します。

4. こうした条件が満たされない場所では、酸素マスクやそれに変わる保護装備を身に付けた作業者だけが中に入ることを許されます。

5. 閉ざされた空間ではチームで作業に当たって下さい。作業終了時には後に残された人がいないことを確認して下さい。

協力を促進する方法

閉じた空間に入るための特別な予防措置を確立して下さい。閉じた空間で働く資格のある人の助言を得て、厳重に予防措置に従って下さい。閉じた空間に入る訓練をチームで受け、チームで閉所作業を行って下さい。

さらなるヒント

— 十分な酸素があるかどうか、または有毒ガスの有無がわからない、または確信が持てない場合は、閉じた空間では1人で作業しないで下さい。

— 閉じた空間内用に指定された種類の保護具の着用は、厳しい規則にして下さい。

— 閉じた空間での作業では、作業中は適切な灯りを絶やさないで下さい。

— 事態が悪化した場合の救助計画を立てておいて下さい。

覚えておくべきポイント

閉じた空間での危険性は、致命的な事故につながる可能性があります。チームとして働く訓練をした作業者だけに入構を許可して下さい。

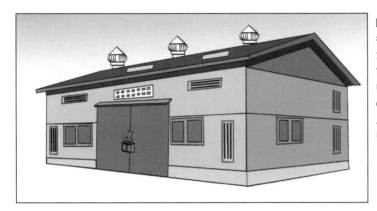

図54a. 訓練を受けた作業者のみが、指定した閉じた空間に入ることを許可する規則を定めて下さい。酸素濃度や有毒ガスの有無は、閉じた空間に入る前に必ず計測しておいて下さい。

図54b. 酸素欠乏による事故を回避するために、閉じた空間で作業する場合は、十分な空気の流れを供給して下さい。

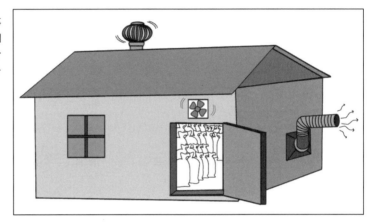

図54c. 閉じた空間に入った作業者に悪い事態が起きたとき助けられるように、必ず誰かが外にいて下さい。

チェックポイント55

安全や健康、作業効率を向上させるために、作業者に影響を与える振動や騒音を減らす。

なぜ

農作業従事者は、しばしば機械や車両が発生する振動や騒音にさらされます。作業時の過度な振動や騒音は作業を妨げるばかりでなく、振動による病気や騒音による難聴を引き起こします。こうした影響は、作業時の振動や騒音を削減することで、阻止することができます。

大きすぎる騒音と振動は、作業を妨げるばかりでなく、警告やその他の信号に気付きにくくなるために事故を引き起こす可能性があります。騒音や振動を減らすこと、あるいはその発生源を隔離することによって、これらの好ましくない影響が生じることを回避することができます。

どうやって

1. 大きな振動や騒音を発生する機械全体を覆って下さい。もし、それが不可能な場合は、振動の伝導を削減するために配置を変える、あるいは特に機械の騒音が大きい箇所を覆って下さい。

2. もし可能であれば、特に騒音が大きい機械は、別の部屋か室外に設置して下さい。その結果、機械の側で働かなくてもよくなり作業者が長時間騒音にさらされることもなくなります。

3. 騒音が大きい機械と作業場の間に衝立を設置することで、作業者への騒音のレベルを下げることができます。

4. 振動を伴う手持ち器具を使う場合は、取っ手を防振用の発砲素材で覆い、防振手袋を使用して下さい。

5. もし大きい騒音への暴露が避けられない場合は、耳栓やイヤーマフを装着し、耳への騒音の侵入を防止して下さい。

協力を促進する方法

もしあなたが普通の声で話して、腕の長さの距離に立っている他の作業者に声が聞こえないなら、その場所の騒音レベルは聴覚にとって有害です。協働作業者の間で、騒音への暴露を減らす方法あるいは作業中に耳栓やイヤーマフを付けることを検討して下さい。個々の作業者が騒音防護器具を身に付けるのは、技術的な方法で過度な騒音への暴露が回避できない場合の最後の方策であることを覚えておいて下さい。

さらなるヒント

— 手持ち工具は、振動が少なく騒音が低いものを購入して下さい。

— 個々人が騒音や振動に対する保護具を装着する必要がある場合は、そのことを示する表示を掲げて下さい。

覚えておくべきポイント

もし作業者が過度な騒音や振動に暴露される場合は、発生源を覆うのか、衝立をおくのか、個々の作業者が保護具を装着するのか、段階を踏んで下さい。

図55a. 騒音が大きい機械の側で作業をする作業者は、防音の覆いの中にその機械をおくことによって守られなければなりません。

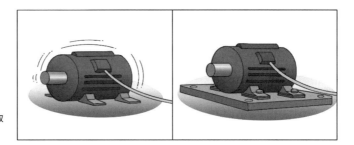

図55b. 振動を発生する機械は、周囲に振動を伝導しない台に取り付けて下さい。

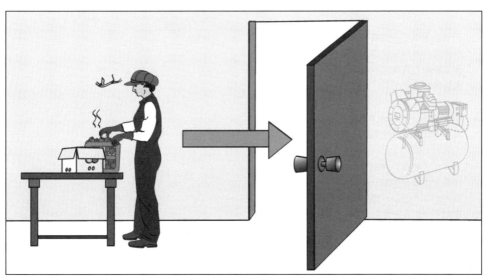

図55c. 騒音を発生する機械を運転中の部屋が、作業者が作業中の部屋に隣接している場合部屋の間のドアを閉めることで作業者が守られることを確認して下さい。

チェックポイント56

灰燼の発生源からの隔離と遮蔽。

なぜ

農作業者は屋外作業でも屋内作業でも灰燼にさらされます。危険な灰燼は多くの場合目に見えません。空気中の極微細な粒子は吸い込まれると肺の奥深くまで入り込みます。こうした微粒子は体の組織に吸収され、塵肺症や癌さえも引き起こします。灰燼への暴露を制限することで、こうした深刻な病気を回避する必要があります。

灰燼への暴露を回避する最も良い方法は、作業場における灰燼の発生源の隔離と遮蔽です。局所的な排気装置、あるいは個人の保護用の防塵マスクの利用がときどき必要になります。

どうやって

1．狭い場所や換気が悪い作業部屋での灰燼を発生する作業は避けて下さい。可能であれば屋外で開けたスペースに建てられた屋根の下で作業を行って下さい。灰燼を発生する装置の下で作業をすることは避けて下さい。

2．灰燼を発生する機械を遮蔽するか隔離して、作業者の呼吸空間の灰燼を減らして下さい。汚染された空気を作業者から遠ざけるには排気装置が必要です。

3．灰燼の風下での作業を避けるために、吸引‐送風の両用型の排気装置を使って下さい。

4．換気ができない場所で灰燼が発生する機械を使用せざるを得ない場合は、抗灰燼マスクを使用して下さい。灰燼に対する防護に詳しい専門家に助言をもらって下さい。

5．灰燼を含む空気にさらされるのを避けるために、あなたの作業スケジュールを再度組み直して下さい。しかし、仕事のスケジュールだけでは、ほこりの影響を完全に回避することはできないことに注意して下さい。

協力を促進する方法

灰燼を発生する機械からの労働者の保護がうまく設計されている職場を訪問してみて下さい。作業者と機械の相対的な位置関係、効果的な局所排気システムから学んで下さい。呼吸器に関する体験はあなたへの良いお手本になるはずです。

さらなるヒント

— 灰燼を発生する機械を購入するときは、運転者の呼吸位置に汚れた空気を出さない機械を選んで下さい。機械の覆い、局所排気を取り付けることがより好ましいでしょう。

— フードを用いるときは、空気の流れを考えて配置して下さい。経験豊富な人からの助言を得て下さい。

— 灰燼からの適切な保護については、機械または呼吸用保護具の供給業者に相談して下さい。

覚えておくべきポイント

機械から排出される灰燼を軽減するために吸排気型の換気装置や局所排気装置を使いましょう。

図56a. 排気システムと一体となった良い覆いがある機械を選びましょう。

図56b. あなたの呼吸位置に汚れた空気が入るのを避けて下さい。あなたの呼吸位置から灰燼を減らす良い方法を近隣の方から学びましょう。

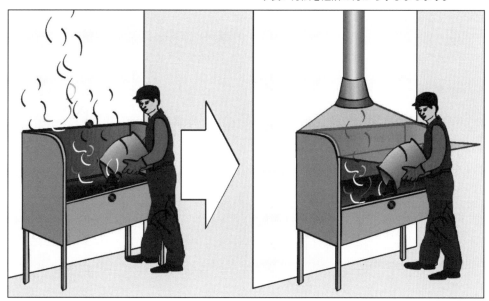

チェックポイント57

局所換気の導入または改善。

なぜ

農家が有害物質に対処しなければならない場合は、気流が良いことが非常に重要です。適切な換気は農家がこれらの物資へ過度にさらされるのを避けるのに役立ちます。局部的な排気による換気システムは、作業者が不必要な暴露を避けるために有効な、作業者から汚染源（あるいは外へ）向かう風を作るのに大いに役立ちます。

汚染された空気を効果的に集めることができる局所排気を導入することは重要なことです。汚染された空気が作業者の呼吸位置に入り込まないように特別な注意を払って下さい。局所排気の場所やフードの形状を変えるなどの単純な変更がしばしば問題を解決します。

どうやって

1. 汚染源の側で作業をする農家に影響を与える可能性がある汚染された空気を集めるのに効果的な換気装置を選択して下さい。こうした機器に関する良い知見と実績について機器の販売業者と相談して下さい。

2. 送風型と吸引型の双方の換気をうまく組み合わせて使用して下さい。送風型は、別の場所へ汚染が及ぶ危険がない場合に、吸引型はそこに、あるいはそばに汚染された作業場がある場合に設置して下さい。吸引型のファンは、送風型のファンよりも大きな容量でなければなりません。

3. 換気用ダクトの吸入口あるいは送風口、またはファンの位置は、汚染された空気を集めるために最も効果的な位置にして下さい。換気装置の製造者や専門家からの助言を得て下さい。

4. 窓を開け習慣を付けて下さい。これは、自然換気を増加させ、汚染された空気を排出するのに役立ちます。

協力を促進する方法

換気装置の製造業者または専門家の助言を得て適切に設置された局所排気システムから学んで下さい。効果的な吸引型と送風型の換気システムと組み合わされた作業場を訪問することが有効です。換気装置の配置やフードの形状を変えることによって、汚染された空気を収集する経験は特に有効です。

さらなるヒント

— 暑い空気は上昇するので、天井ファンや高い位置の開口部が換気を改善します。

— 汚染された空気への暴露を防ぐため、換気装置のみに頼らないで下さい。汚染源を排除または分離するための措置を講じて下さい。

— 製造業者または専門家の助言を得て換気装置を維持して下さい。

覚えておくべきポイント

汚染された空気への暴露を減らすために、送風型と吸引型を的確に使って下さい。専門家の助けを借りて下さい。

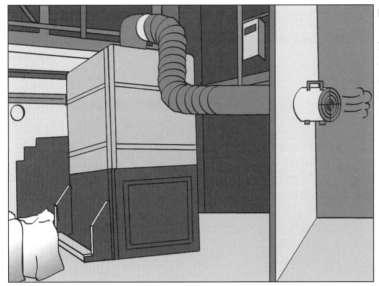

図57a. 汚染された空気を取り除く最も有効な方法は覆う形のシステムを適用することです。集めた汚染された空気が作業場に入ってくることはありません。

図57b. 覆う形のシステムが適用できない場合は、発生源で危険物質を取り除くために局所的な排気装置を使って下さい。

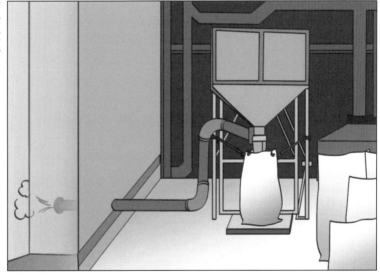

チェックポイント58

簡単に手が届くところに十分な数の消化器を設置し、作業者が使い方を知っていることを確認する。

なぜ

火が小さい内に火事を検知すること、作業場に設置された消化器を使うこと、可能な限り早く消防に通報することが重要です。携帯用消化器の設置は、最も重要な防火対策です。指定された場所に十分な性能の消化器を置き、明確に印を付けておくと、大きな火災の危険性を大幅に減らすことができます。

適切な種類と量の消化器を提供し、使用方法を従業員に訓練することが重要です。適切に配置され適切に配置された消化器は、火災の炎を劇的に消滅させることができます。

どうやって

1. 適切なタイプの携帯用消化器を選択して下さい。作業場やそこに設置されている消化器をすべて点検します。適切なクラスとタイプの消火器が準備されていることを確認して下さい（紙や木などの通常の固体可燃物のクラスA、可燃性液体のクラスB、可燃性ガスのクラスC、可燃性金属のクラスD、電気火災のクラスE、調理油脂のクラスF）。

2. 消火器が置かれている場所をはっきりとマークして下さい。それらを簡単に見えるように壁に貼ることをお勧めします。

3. 火災が発生する可能性のある場所から約 20 m以内に十分な数の消火器を設置して下さい。

4. 作業者消火器を適切に使えるように訓練して下さい。通常、消火器は火炎の底にノズルを向けてピンを引っ張り、消火器を直立に保持しながらトリガーを握り、火の部分を覆うように左右に掃引する、というように使用されます。

5. 定期的に消火器を点検する。ピン、ノズル、銘板が損傷していないか、消火器がなくなっていないか、空でないか、を確認して下さい。

協力を促進する方法

すべての人々が消火器の適切な使用を知っていることが大切です。緊急時の消火器の適切な使用を確保するためには、消火訓練が不可欠です。人々が防火について知っておくためには、家庭や職場のすべての人々が火事の際に何をすべきかについて合意しておいて下さい。

さらなるヒント

— 消防や防災の担当者などの重要な電話番号を壁に掲示しましょう。

— すべての人が、それがどこの範囲を超えて広がってしまった場合は、火と戦わないことを知っていることを確認して下さい。

覚えておくべきポイント

簡単に届くところに十分な数の消化器を保持して下さい。

図58a. 人々が働いたり生活したりする場所からすぐに手が届く、明示された決められた場所に十分な消火器を設置して下さい。

図58b. 適切なタイプの消化器が火災の危険が高い作業場の側に設置されていること確認して下さい。

チェックポイント59

作業者に適切な個人用保護具を十分提供し、定期的に保守管理する。

なぜ

技術的な措置を施しても作業場で遭遇する危険性に対する過度の暴露を防ぐことができない場合は、個人用保護具が不可欠です。個人用保護具による保護は最終手段であり、普段から使用することによってのみ保証されます。従って、適切な種類の十分な個人用保護具を用意する必要があります。

個人用保護具が適切に装着され、定期的に維持管理されている場合、作業者を関係する危険な状態から効果的に保護することができます。農家に適切な使用法を教えることは重要です。

どうやって

1. さまざまな危険な状況にさらされている人々を保護するためには、どのような種類の個人用保護具が必要かを話し合う必要があります。各種類の個人用保護具が十分に使用可能であることを確認して下さい。適切な助言を得るために販売業者に相談して下さい。

2. さまざまな種類の農作業に必要な個人保護具の種類を書き留めます。この情報を関係者全員に知らせて下さい。

3. 個人用保護具を使用するすべての人員に対して、適切な使用方法を訓練して下さい。

4. 個人用保護具の使用状況と維持管理状況を定期的に点検します。正しく使用され、維持管理されていることを確認するために、改善が必要かどうかについて話し合います。不明な点があれば、専門家や信頼できる販売会社に相談して下さい。

協調を促進する方法

個人用保護具の使用経験がある人でチームを編成します。チームメンバーは、屋内および圃場の両方の作業現場を訪問し、その正しいおよび定期的な使用を確実にするために改善が必要かどうかを調べ、それが定期的に使用されていない場合は、その理由とその対策を討議して下さい。

さらなるヒント

— 個人用保護を必要とする特定の種類の危険に曝されたすべての人々に保護具の適切な使用に関する情報を提供して下さい。

— 呼吸保護具には、特別な注意が必要です。つまり、適切なタイプ、気密着用、適切な維持管理です。

— 使用者に不便を生じさせる場合であっても、作業者が個人用保護具を着用する必要があることを作業者に説得し、最初に機器を試して、作業者に合っていることを確認して下さい。

覚えておくべきポイント

作業現場での個人用保護具の定期的な使用は、お金を節約し、人々を苦しみから守ります。

図59a. 個人保護用器具を個々人に装着させることが重要です。装着する器具が提供され使用されていることを確認して下さい。

図59b. 常に効果的で快適な装備を選んで下さい。例えば最大の保護効果があって軽い物にすることなどが推奨されます。

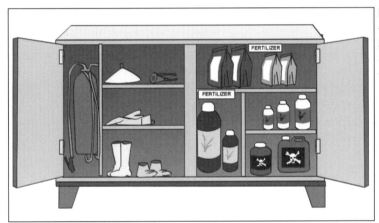

図59c. 個人用保護具の保管場所を整備し、必要なときに簡単にアクセスできるようにして下さい。

図59e. 個人用保護器具の管理は、訓練を受けた人が計画し実行するようにして下さい。

図59d. 防塵マスクに使用するフィルターは、ガスや蒸気には有効ではなく、その逆もあります。販売会社の指示に従って、頻繁にマスクのフィルターを交換して下さい。

チェックポイント60

作業者に害を及ぼすことがない方法で動物を扱う。

なぜ

動物の取り扱いには多大な注意が必要です。動物が予期しないときにあなたを噛んだり、近距離で接したりすることによる病気の感染に常に気を付けて下さい。経験豊富な農家や専門家の指示に注意深く従うと、こうした予期しない事態を防ぐことができます。

予測できない動きや接触などの動物の挙動に関する知見は、問題の回避に役立ちます。動物の扱いについてはしっかりとした方法論があり、訓練によりそれらを習得することが大切です。

どうやって

1. 高齢の農家や動物の挙動に関する畜産の専門家から、農作業で向き合わなければならない動物の取り扱いについて、正しい方法を学んで下さい。動物との対峙の中で、あなたに悪影響を与える可能性がある怪我や感染を避けることが重要です。

2. 動物を安全に扱うことについて訓練を受けた人によって動物が扱われているかを確認して下さい。

3. 確立された手順と保護用の装置、あなたが取り扱っている動物が予期せぬ行動を取ったときに怪我を避けるための装置の使用について注意深く観察して下さい（例えば後ろ足による突然の蹴撃など）。

4. 畜舎は定期的に清掃して下さい。

5. 動物を取り扱う際に必要な衛生措置を守って下さい。動物は、人間に伝染する可能性のある感染症の影響を受けることがあります。従って、特に接近して動物を扱う場合や検査の目的で動物を扱う場合、衛生上の注意が重要です。

協力を促進する方法

経験豊富な畜産農家の畜舎を訪問して、動物の取り扱いに関する良い事例を見つけて下さい。これらの例には、予想外の動きを制限する特別なケージや衛生装置が含まれているかもしれません。近隣の農家と費用対効果が高い動物取り扱い方法を議論して下さい。

さらなるヒント

— 畜舎と居住区画は可能な限り離して下さい。

— 動物を取り扱う時には、作業に適した服装と保護器具を使用して下さい。それらを別々の指定場所に保管して下さい。

— 動物の感染を防ぐための具体的な指示に従って下さい。

覚えておくべきポイント

訓練を受けた人だけによって動物が扱われるようにして下さい。このことは予期せぬ怪我や病気の予防に役立ちます。

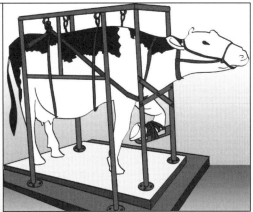

図60a. 搾乳や定期検診を行うために近づく必要がある
ときは、家畜を拘束するために適切な保護ケージを使
用して下さい。

図60b. 畜舎を清潔
で衛生的な状態に
保ち、その改善に
心がけて下さい。

チェックポイント61

作業者に害を及ぼす予測できない可能性がある動物や昆虫に注意する。

なぜ

屋外や圃場で作業をするときは、適切な個人用保護具を使用して下さい。農家は、有害な小動物や虫の他、蛇、ムカデ、ヒル、ヤマヒル、蚊、スズメバチ、ミツバチなどから自分を守る必要があります。畑で虫やミミズなどに頻繁に遭遇すると、作業速度が低下し、作業手順が狂わされ疲労も増加します。

家の中にいる動物は深刻な健康や安全の問題を引き起こす可能性があります。多くの農家にとってこうした厄介事は極めて一般的です。牛、豚、馬または家禽との接触によって、またはスズメバチ、ミツバチ、または蚊のような昆虫への遭遇によって重症の外傷や疾患が引き起こされる可能性があります。こうした危険を過小評価し、適切な保護を忘れる傾向があります。

どうやって

1. 布製の靴、長靴、手袋、つばが広い帽子、長袖シャツなどは、屋外作業用の使い易い個人保護用の装備です。

2. 蚊やスズメバチ、ミツハチといった羽根がある虫がいるところで作業をする場合は、顔面の保護付きのヘルメットを着用して下さい。

3. 家禽や牛は閉鎖された小屋や農場内で飼わなければなりません。保護具を着用せずに危険な家禽や牛と接触することを避けるためです。

4. 救急箱がすぐにかつ容易に届くことを確認して下さい。

協力を促進する方法

あなたの隣人を見て下さい。靴、長靴、手袋、帽子、そして、農作業を少なくとも不快感の少ない状態で保護するために使用されるその他の保護具の種類を確認します。あなたを動物や虫、毛虫から守るためのアイデアを交換して下さい。また、保護の利点について話し合って下さい。

さらなるヒント

— 地域には、危険な動物や昆虫との遭遇を避けるための数多くの方法があります。一部の農家では、体に付くヒルを避けるのに石灰を使っています。石灰は虫刺されやミツバチの針の痛みを和らげます。煙はミツバチを遠ざけることができます。このような知恵を集め、昆虫やその他の動物にまつわる煩わしい事態に遭わないようにすることが賢明です。

— すべてのトレイ、農業用具および倉庫は、適切な消毒剤で定期的に消毒する必要があります。

覚えておくべきポイント

あなた自身を守るために、適切な靴、長靴、手袋、帽子、その他の保護具を使用して下さい。

図61a. 屋外で作業をするときは、あなたを傷つける全ての動物や昆虫からあなたを守るための適切な装備を使って下さい。

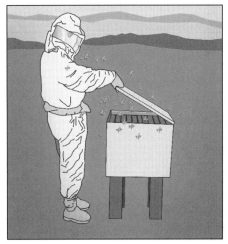

図61b. 羽根がある昆虫がいるところで作業をするときは、顔面を保護が付いたヘルメットを装着しましょう。

図61c. 家禽は密閉された小屋で飼育し、小屋は定期的に消毒しなければなりません。家禽に触れなければならないときは、作業者は安全装備で守られなければなりません。

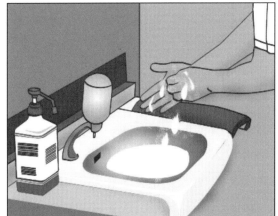

図61d. 適切な石鹸で定期的に手を洗って下さい。

危険な薬品の管理

　農業者は近年、農薬、除草剤、植物成長調節剤
など、ますます多くの農薬を使用するようになっ
てきており、作業場での安全衛生上のリスクが高
まっています。農薬によって引き起こされる健康
上の問題は、あなたの地域社会や農産物の消費者
にまで広がる可能性があります。この章では、多
くの有用なヒントや農薬の安全かつ最小限の使用
法について説明します。アイデアには、情報の普
及、表示、農薬の安全な保管方法、農薬とその容
器の安全な取り扱いと使用方法が含まれます。

チェックポイント62

殺虫剤やその他の危険な薬品全ての容器にラベルを付ける。

なぜ

殺虫剤とその他の危険な薬品の容器に付けられた明確で見易いラベルは、それらの安全に使用する上で不可欠なものです。もしあなたが既にこうした薬品の扱いに慣れていたとしても、ラベルはあなたの家族や近隣住民を危険な誤用から守るために必要です。

容器のラベルは、専門用語で、または外国語で書かれていることさえあります。特に農家やこれらの薬品の使用の経験がない人にとっては、これらを理解することは難しいです。殺虫剤と除草剤の混用などの農薬の誤った使用は、使用者にとって危険です。作物だけでなく、作業者の健康にもダメージを与えます。

どうやって

1. 使用、未使用の双方の全ての農薬の容器を確認して下さい。明確なラベルを現地の言語で、「殺虫剤」「除草剤」というように付けて下さい。

2. ラベルを剥がさないで下さい。もしラベルが明確でないときは、「猛毒」などの警告を付けて下さい。適切な情報を入手するには、地域の保健・農業センターに相談して下さい。

3. 殺虫剤や他の薬品を大きな容器で購入し、小さな容器に小分けにするかもしれません。そうした場合、それぞれの小さい容器の見易い位置にラベルを貼るのを忘れないで下さい。

協力を促進する方法

ラベルや注意書きは、あなたとあなたの家族を危険な誤用から守るために非常に役立ちます。あなたの隣人と情報を交換し、同じことをやるように促して下さい。農薬の安全な使用の様々な状況での経験の交換は、皆にとって本当に有効です。

さらなるヒント

— 太い線でラベルを書くために、耐水性の色落ちしないインクのペンを選んで下さい。例えば「毒、危険」などのように明確で理解し易い言葉を使って下さい。

— 近隣の方々と経験を共有して、農薬の明確で見易いラベル付けの良い習慣を維持して下さい。この活動はコストがかかりませんが、全ての人に本当に有効です。

覚えておくべきポイント

誤用の危険を避けるため、殺虫剤やその他の薬品の容器には、その国の言語で書かれたラベルを貼って下さい。

図62. 誤用の危険をなくすために、その国の言語で書かれたラベルを全ての農薬の容器に貼り付けて下さい。

チェックポイント63

すべての殺虫剤とその他の危険な薬品は、鍵がかかるコンテナやキャビネットに保管する。

なぜ

全ての殺虫材とその他の危険な薬品は安全のために注意深い保管が必要です。それらは人にも動物にも潜在的な毒性があります。危険な薬剤を居住区域から離れた場所で保管するために、しっかりと施錠できる保管庫を設置して下さい。子供に届かないところに保管して下さい。

殺虫剤が付着した散布機も汚染源になります。殺虫剤の容器と散布機を室内に置くと、あなたの家族の生活環境を汚染するでしょう。このような危険な環境に日常的にさらされると、家族の健康上のリスクが発生します。

どうやって

1. 殺虫剤やその他の危険な農薬の容器をすべて保持するためのロック付き密閉式の金属製または木製の容器を選択して下さい。

2. 散布機と殺虫剤のボトルは、家の外、あるいは圃場に設置された小さな倉庫に保管して下さい。この倉庫は使用しないときは、常にしっかりと施錠して下さい。殺虫剤の保管には多段式の棚を設置して下さい。殺虫剤と除草剤は別々に保管して下さい。

3. 殺虫剤やその他の危険な薬品を良好に保つために、多段式の棚またはキャビネットを使用して下さい。このやり方にはコストがかかりません。必要な薬品を見つけたり、危険な誤用を防いだりするのに非常に役立ちます。

協力を促進する方法

農薬を保管するための公共の貯蔵所を一緒に建設して下さい。各農家にはそれぞれに割り当てられたコーナーがあります。この方法には高額なコストがかかりません。近隣農家の協力を促進し、地域の汚染を回避するのに役立ちます。

さらなるヒント

— 農薬を保管するためにあなたの住居から離れた場所を選択して下さい。つまり、飲料水の水源や食料から遠い場所に保管して下さい。

— キーは子供の手が届かないところに、慎重に保管して下さい。

— 散布機を洗う場所は水源から遠い場所を選んで下さい。最も良い方法は、農薬を散布したばかりの畑でそれらを洗うことです。

覚えておくべきポイント

殺虫剤は有毒で危険です。家から離れた安全な指定場所に注意深く保管して下さい。

図63a. 圃場に設置された殺虫剤を保管するための堅牢な鍵を有した保管庫。殺虫剤と農薬が載せられた多段式棚。殺虫剤と除草剤は分けて保管し、見易い位置にラベルを貼り付けるようにして下さい。

図63b. 鍵が付いた安全な殺虫剤保管庫。

図63c. 農薬を別々に、または散布機、手袋、マスクなどの農作業用具や器具と一緒に保管して下さい。すべての薬品の容器には、見易い位置にラベルを貼り、論理的に配置する必要があります。

チェックポイント64

より安全な殺虫剤を選び、適切な量を使う。

なぜ

農家は殺虫剤を適切に賢く使う必要があります。中毒の危険性を減らすために、安全で適切な種類の農薬やその他の農薬を選択し、最低限の量を使用して下さい。急性中毒と同様に、神経炎、慢性肝疾患またはいくつかのタイプの癌などの一部の慢性疾患は、殺虫剤および一部の農薬への暴露に部分的に関連している可能性があります。

殺虫剤は、散布作業者だけでなく、農産物の消費者にとっても有害です。あなたの農産物に残留農薬が存在し、それらを食べる人に害を与える可能性があります。適切な殺虫剤を適切な方法で使用することによって、お客様の安全と健康に貢献することができます。

どうやって

1. 殺虫剤に頼る前に、農家はどのような種類の害虫が捕まえる必要があるのかを知る必要があります。害虫を防除する代替手段が存在する場合、農薬と他の解決策を比較して下さい。

2. 農薬が唯一の解決策である場合は、安全な農薬を適切に選択して使用するための助言と情報を、農薬管理指導員または保健所の職員から入手して下さい。

3. 殺虫剤を散布する場合は、適切な保護手袋、ゴーグル、靴、衣服を装着して下さい。

4. 殺虫剤の使用量を最小にする計画を作って下さい。あなたの畑で禁止されている農薬を使用しないで下さい。

5. 種類の異なる殺虫剤や他の農薬を混ぜないで下さい。混合はあなたの健康へのリスクを増大させます。

協力を促進する方法

殺虫剤やその他の農薬の安全な使用に関する最良のやり方に関する情報をそれを使用している農家から収集し、ノウハウを交換して下さい。農場では、休憩時間などを利用して、殺虫剤の量を減らすためのよりよい方法について情報を共有しましょう。さまざまな種類の農薬の影響に関する知識を増やして下さい。害虫駆除用の危険な農薬の安全な使用に関する情報交換を促進するための「農薬ユーザークラブ」などを立ち上げて下さい。

さらなるヒント

— 殺虫剤の販売業者および製造業者に化学物質安全性データシートを提供するよう依頼して下さい。安全衛生に関する情報を顧客に提供することは農薬会社の重要な責務です。

— テレビ、ラジオ、広報資料は、農業における安全衛生、殺虫剤や危険な農薬の安全な使用に関する有益な情報を提供しています。これらを有効に活用して下さい。

覚えておくべきポイント

農薬を安全かつ賢明に使用して下さい。あなただけでなく、あなたの消費者の健康リスクも軽減します。

図62a. 殺虫剤を購入する前に農薬管理指導員に相談
して下さい。

図64b. 適切な殺虫剤を選ぶ前に農薬管理指導員と
一緒に害虫を同定して下さい。

図64c. 殺虫剤の安全な使用について販売業者に相談しましょう。

チェックポイント65

個人用保護具の使用を必要とする殺虫剤に関連する各操作を明記する。

なぜ

個人用保護具は、危険な作用や物質から身体の特定部位を保護します。選択した保護具を正しく使用する必要があります。そうでなければ、保護具は作業者に誤った安心感を与えることになります。これは非常に危険です。

切り傷は農薬の体内への侵入を大きく増加させる可能性があります。切り傷や擦り傷がある皮膚を通しての侵入は特に危険です。足を怪我から守ることは非常に重要です。いくつかの熱帯諸国では、農家が畑や牧場で靴を履かずに働くのが一般的です。裸足の農作業者は、壊れたボトルや畑に落ちている鋭い釘で負傷する可能性が大いにあります。足の裏の傷は、たとえ小さくても、作業が困難になります。足の裏の怪我は清潔に保つのが難しく、感染や破傷風などの重度の合併症が発症することがあります。

手などに付着した農薬の残留物は、不注意な仕草で手から汗をかく部位に移される可能性があります。特に、額、顔面、頸部の汗を拭くために、農薬で汚染された手を使用しないで下さい。幅広い帽子や長袖シャツは、熱と強い日差しから農作業者を保護します。有害物質の取り扱いや殺虫剤の散布には、適切な保護マスクが必要です。

どうやって

1. 湿った土壌や野菜畑を歩いて足を切り、足の皮膚から農薬を吸収するのを避けるために、底が厚い靴を使用して下さい。湿った土や泥だらけの土で作業するときは、ズボンの裾を靴に入れて下さい。水田で働くときは長靴をはいて下さい。

2. あなたの手を傷から守り、農薬と直接触れることを避けるために、作業に適した手袋を選んで下さい。握力を必要とする仕事や、サトウキビの葉の収拾作業、パイナップル畑での除草など、鋭い尖った物を扱う作業では、厚い手袋を使用して下さい。枝の剪定や間引きなどの精密作業には、薄い手袋を使用して下

さい。農薬や肥料を扱うときはゴム手袋を使用して下さい。

3. 殺虫剤を散布するには、活性炭の顆粒を含むフィルターを含むマスクを選択します。フィルターが切れているマスクは使用しないで下さい。

4. すべての保護具を定期的に清掃し、維持管理して下さい。

協力促進する方法

実際に殺虫剤や他の危険な農薬を散布する前に、人々に個人用保護具を着用させるよう奨励して下さい。彼らに我慢するように頼んで下さい。使用者は保護具を合わせ装着するのに時間を必要とします。個人用保護具の定期的な使用と保守を促進しましょう。

相互感染を防止するため、個人用保護具を適切に保守して下さい。

さらなるヒント

— マスクが使用者の顔の形に合っているかどうかを確認します。マスクと顔との間の小さな空間でさえ、薬品の漏れを引き起こし、マスクの有効性を低下させる可能性があります。

覚えておくべきポイント

個人用保護具を定期的に使用することにより、怪我や有害物質への暴露を減らすことができます。

図65a. 農場で使われる長靴や靴は、足を切傷から護ります。

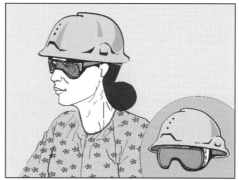

図65b. ヘルメットと保護眼鏡は頭と目を護ります。

図65c. 殺虫剤散布用の活性炭フィルター付のマスク。

図65d. 個人用保護器具の相互汚染を避けるための保管と管理の例。

チェックポイント66

農薬の安全な使用方法などの安全衛生に関する情報を収集し、農家、コミュニティに広める。

なぜ

今日では、用途や散布量、毒性が異なる多くの種類の農薬がマーケットに並んでいます。適切な農薬を選択し、正しい量を使用して下さい。これはあなたの農作物を保護し、中毒のリスクを回避します。

地方の農業部門および地域の農業振興の部署は、農薬の安全な使用に関する関連情報を得る上で信頼できる情報源です。

どうやって

1. 適切な農薬を購入するためのより良い選択を確実にするために、地元の農業従事者や農業専門家に相談して助言を受けて下さい。

2. 農薬の毒性と安全な使用に関するパンフレット、チラシ、新聞、またはラジオの情報を収集して下さい。この有用な情報をあなたの隣人と共有して下さい。

3. 近隣の農業従事者のためのトレーニングと再トレーニングのためのワークショップを組織し、地元機関、販売業者、技術専門家の支援を得て運営して下さい。農薬の正しい使用と処分を学ぶために、常に練習の場を設けて下さい。

協力を促進する方法

農薬の安全な使用のために近隣の人たちに経験と情報を交換するよう奨励して下さい。農薬やその他の農薬の安全な使用に関するセミナーを健康や農業の専門家に依頼することは良い考えです。

さらなるヒント

— 農薬の商号を書き留め、記録を残して下さい。この情報は、農業または保健の専門家に詳細情報を求める際に役立ちます。

— 正しい農薬を選択する方法、害虫に関する新しい情報を受け取る方法、およびそれらを検知して防止する方法についての知識を更新するために、地域の営農指導組織が開催する研修会などに参加して下さい。

覚えておくべきポイント

農薬の安全な使用に関する適切な知識と理解は、あなたとあなたの家族を保護します。

図66a. 殺虫剤を購入する前に地域の農業の専門家から助言を得て下さい。

図66b. 近隣の方と農薬の安全な使用について経験を共有するために休憩時間などを活用して下さい。

環境保護

　殺虫剤や除草剤などの多くの農薬が農作業で使用されています。農薬の適切な使用は、それらを使用する農作業者にとって重要なだけでなく、家族、地域社会、および環境にも影響を与えます。農業が主要な経済活動である地方の小規模な農場では、生活と農作業の場所は通常、混在しています。農薬によって引き起こされる健康上の問題は、あなたのコミュニティ、さらにはあなたの農産物の消費者にまで広がる可能性があります。この章では、農薬を安全かつ最小限に使用して環境を保護するためのヒントを紹介します。このアイデアには、農薬を環境に優しい方法で使用する方法、使用済み農薬容器を取り扱う方法、廃棄物を最小限に抑えて汚染を減らす方法などが含まれています。

チェックポイント67

使用済みの殺虫剤や薬品の容器を処分するための安全な方法を確立する。

なぜ

使用済みの農薬容器を処分するための安全な方法を確立することが重要です。畑や運河に散らばっている殺虫剤のボトルや箱は、汚染を引き起こします。これは、人間や動物、環境に対して非常に危険です。さらに、壊れたガラスの容器は、現場で働いている農作業者を傷つける可能性があります。

使用済みの農薬容器は適切に処分する必要があります。いかなる目的であっても、特に家庭での使用のために、それらを再使用しないで下さい。多くの農作業者が家庭やその他の目的のために農薬の廃容器を使用して中毒を起こす被害を受けています。廃容器には少量の毒が残留していて、人や動物の命を奪ってしまうことさえあります。

空の容器は指定された場所に安全に廃棄されなければなりません。農薬容器を回収業者に渡すことは危険です。こうした回収業者は殺虫剤の容器を他の容器と混ぜてしまうかもしれません。これらの容器のラベルを外すことは特に危険です。収拾された容器は、農薬工場に戻らずに、飲料の工場で再使用されることさえあります。

どうやって

1. 空の農薬容器は、いかなる目的のためでも決して再使用してはいけません。

2. 農薬廃棄物を埋立するための安全な処分場を選択して下さい。

3. 畑に投捨された農薬の容器をすべて回収し、リサイクルするために販売業者へ送り返します。これが不可能な場合は、蓋付の容器に入れ、安全な処分場に埋めて下さい。

協力を促進する方法

空の殺虫剤や農薬の容器は有毒です。あなたの隣人にそれらを集めて安全な処分場に置くようアドバイスして下さい。すべての地域の農家が使えるコミュニティ処分場を設けることは非常に重要です。廃棄物容器の適切な処分について、あなたの地域の健康センターまたは営農支援センター等にアドバイスを求めて下さい。

さらなるヒント

— 廃棄する農薬容器を収集するときは、個人保護服と手袋を着用します。

— 埋め立て場所は、地表水や地下水を汚染する危険性がないように注意深く選択する必要があります。処分場は居住区域から離れていなければなりません。容器や廃棄物は、少なくとも1mの深さに埋める必要があります。埋め立てを行った区域には、囲いをするか、警告標識を付けて下さい。

— 使用済み容器の適切な処理メカニズムを確立する上で、地方政府機関や販売業者からの支援を得て下さい。

覚えておくべきポイント

使用済みの農薬容器を処分するための安全な方法を確立することは、環境保護に繋がります。

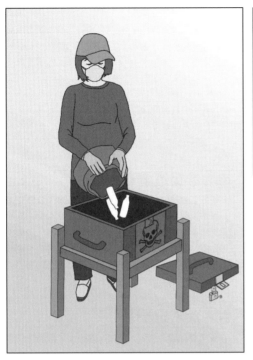

図67a. 使用済みの農薬や危険な薬品の容器の回収には蓋付のコンテナを使用して下さい。

図67b. 農薬の廃棄処分場には居住区や水源から遠い安全な場所を選んで下さい。

図67c. コミュニティで処分場を作りましょう。

チェックポイント68

廃棄物を収集し、分別する。廃棄物の量を最小限に抑えるようにリサイクルする。

なぜ

農業は、農産物の余剰分や動物の糞尿など、大量の有機性廃棄物を排出しています。これらの廃棄物を収集するに当たり分別することは、それらを再利用して環境を保護するための良いスタートです。多くの農家が行っているように、余剰な葉、茎および根、および商品として販売できない果物および野菜は、動物の食物として使用することができます。そして動物の糞尿は天然の肥料に変換することができます。

紙、プラスチック、金属、木などの無毒な廃棄物は別々に集めて下さい。これらの廃棄物をリサイクルまたは再利用することで、廃棄される最終的な量が最小限に抑えられます。分別回収は不可欠です。また、ひとたび様々な廃棄物が混ざり合ったら、それらを再利用するために分離することは非常に困難です。異なる廃棄物が排出される場所に、適切なラベルが付けられた別々の廃棄物用の大きな容器を配置して下さい。

分別された廃棄物の収集は、農家と廃棄物収集業者の両方の安全を促進します。多くの廃棄物収集業者は有害廃棄物によって怪我をしています。例えば、廃棄物容器内の壊れたガラス容器は、廃棄物を処理する作業者および家族の両方を傷つける可能性があります。

どうやって

1. 有機廃棄物を収集し、動物の飼料や肥料として利用しましょう。決して運河や川に投げ捨ててはいけません。

2. 金属、ボトル、缶、プラスチック、危険物など、廃棄物の種類ごとに別々の廃棄物容器を配置して下さい。

3. 針、ガラス片、腐食性物質、農薬やその他の薬品が入っているボトルなどの危険な廃棄物には、明確な標識と指示が記載された特別な容器が必要です。可能であれば、リサイクルのために販売業者、または指定された危険廃棄物処理施設に送って下さい。これが不可能で、安全な方法でリサイクルできない場合は、それらを覆いがある容器に入れ、地域で決めた処分場に埋めて下さい。

4. 近隣の廃棄物のリサイクルに関する良い事例を参考にして下さい。

協力を促進する方法

有害ではない分別収集された廃棄物について、リサイクルし再利用するためのシステムを、あなたの農場やコミュニティで構築しましょう。地域の指導者や隣人と定期的に、これらの点を含む環境保護対策の改善について話し合って下さい。

さらなるヒント

— 廃棄物容器の状態を見て、間違って危険物が置かれていないか確認して下さい。

— 農家に、廃棄物を分別収集し、安全で再利用可能な廃棄物をリサイクルする方法を訓練して下さい。

— 地域の廃棄物収集システムを確立し、それを機能させる方法について、関連する地元機関からの助言を求めて下さい。

覚えておくべきポイント

廃棄物の収集と再利用は、地域社会を環境汚染から守るための第一歩です。

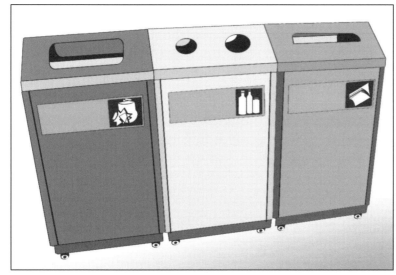

図68a. 収集された廃棄物を分別することを原則として、収集する廃棄物の種類を示すラベルを添付して下さい。あなたが住む地域の良い事例から、分別用の廃棄物容器を設定する方法を学びましょう。

図68b. 廃棄物用容器を運ぶために台車を使用します。異なる場所にある廃棄物を分別して集めるのが容易になります。

図68c. 内容物が外部から容易に見ることができる廃棄物容器を利用することはしばしば有用です。

チェックポイント69

　水の使用方法を変えることによって、水の消費を減らし、環境を保護する。

なぜ

　使用済みの水は適切な処理が必要です。そうしないと、周辺の環境への負担が増し、川や湖を汚染してしまう可能性があります。大量の廃水を収集して処理するには、多くの公的資金と努力が必要です。水を節約することは、農業生産のコスト削減を意味します。

どうやって

1．農場で出る固体の廃棄物を収集して水で洗うことは避けて下さい。

2．可能な限り最初はバッチ洗浄で農業資材や農産物をきれいにします。連続すすぎは最小限に抑えて下さい。

3．有毒物質で汚染されていない限り、水洗トイレや床の洗浄などのために、原材料を洗った後の半分汚れた水を集め、再使用して下さい。

4．水の漏れがないことを確認するため、すべての水道管とバルブを定期的に点検します。

協力を促進する方法

　隣人の農場を訪問して、材料や製品を洗う方法、床、機械、作業場をきれいにする方法を見てきて下さい。あなたの家族や近隣の農家と、水の消費を減らす方法について話し合って下さい。

さらなるヒント

— 農業に関する会議や研修会では、水の消費の良い例について話し合いましょう。実行可能なアイデアは数多くあるはずです。

— 水の消費を削減するためのコミュニティ政策と施策を立案し、実施しましょう。不必要な水の消費を避けるための優良事例を積極的に取り入れましょう。使用済み水を処理するための地域の水処理施設を作り、リサイクルシステムを構築しましょう。

覚えておくべきポイント

　農家の毎日の努力が、大量の水を節約し、環境を保護します。

図69a. 水の使用量を削減できる洗浄施設を使いましょう。

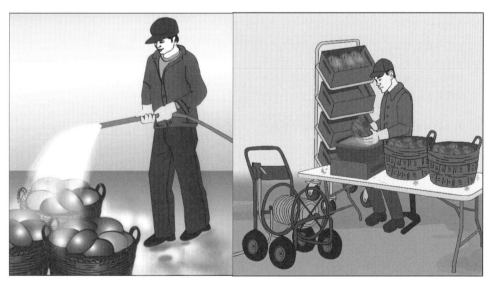

図69b. 単に材料や製品をすすぐことは避けて下さい。水の消費を抑えた、より良い洗浄方法があります。

チェックポイント70

損傷や腐敗を最小限に抑えられる方法で農産物を処理し、不要な梱包材の使用を避ける。

なぜ

廃棄物の削減は環境保護の基本要件です。あなたが農場で毎日行っている作業方法を見て下さい。どのくらいの量の廃棄物がそれらから生産されているか観察して下さい。農家が廃棄物を削減するために最初に行うことは、損傷や腐敗を最小限にする方法で農産物や製品を処理することです。これにより、包装材料の必要性が減少し、最終的に廃棄物が大幅に削減されます。

農家は、動物用飼料や肥料など、包装で提供される多くの種類の製品を使用しています。梱包材の多くは本当に必要ではありません。不要な梱包材がない資材を選択すると、廃棄物が減り、環境に優しい生産が促進されます。不要な梱包を避けることで廃棄物を減らすことは、廃棄物処理のコストを削減することもできます。

どうやって

1. 肥料や動物飼料などの原材料を梱包する代わりの方法を検討して下さい。しかし、食品や飲料水を保管するために農薬の容器の再使用は決してしないで下さい。

2. 最小限の梱包が必要な資材または製品を選択します。

3. 空の梱包材を使用し、使い捨ての新しい梱包材を使用しないで下さい。

4. 天然および生分解性材料で作られた包装を使用します。

協力を促進する方法

コミュニティの農家は、農業用資材や農産物を処理するとき、同じような損傷の問題と過剰な梱包の問題に直面するかもしれません。そのような損傷や不要な梱包材の使用を減らす方法について話し合って下さい。

さらなるヒント

— 販売業者や売り手が不必要な梱包なしで物品を提供することを提案しましょう。

— 農業資材や農作物の損傷や腐敗を減らす方法を調査して下さい。あなたの観察に基づいて、梱包の方法を改善する方法を検討して下さい。

覚えておくべきポイント

不要な梱包や過剰な梱包を避けて廃棄物を減らし、環境に優しい梱包材料を選択して下さい。

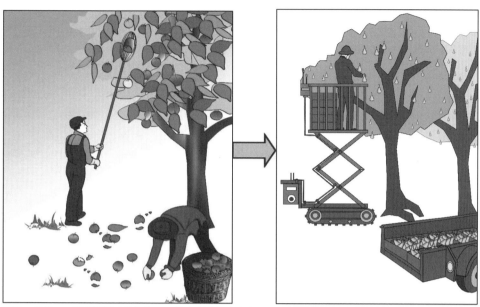

図70a. 農場での農業資材や農作物への損害を減らす方法はいろいろあります。あなたの条件に合った新しい技術を検討して下さい。

図70c. 損傷を減らし梱包材を減らすことができる最も適した方法を見つけて下さい。

図70b. あなたの資材や農産物のために再利用可能なコンテナを使って下さい。

チェックポイント71

適切な害虫管理技術を促進することによって、使用される殺虫剤の量を減らす。

なぜ

多くの種類の殺虫剤や農薬が市販されています。農家は適切な農薬を選択し、正しい量を適用する必要があります。過度の使用は決して生産性を向上させません。つまり、それは単に毒性と環境汚染を増加させるだけです。

正確な散布方法および貯蔵によって使用される殺虫剤の量を低減および最小化する多くの実際的な方法があります。農薬の使用を減らすために有機農法を適用している農家が増えています。これらの農家の努力は、環境、消費者、そして彼ら自身を保護します。

どうやって

1. 適切な量の殺虫剤と農薬を使用し、その過剰使用を避けます。漏れや損傷を避けるために殺虫剤の包装材を保護します。

2. 農薬の使用を避けるまたは減らすために有機農法を促進します。害虫数の増加を防ぐために輪作体系とし、肉食昆虫を増やし害虫の数を低く抑え、良好な植物の健康を保証する健康な土壌を作り、問題が発生する可能性が低い適期栽培を行い、害虫および病気の影響を受け難い適切な品種および作物の種類を選択します。

3. 殺虫剤や農薬を購入する前に、適切な決定を下すために、地元の農業従事者や農業専門家に相談して助言を受けて下さい。

4. 保健所や農業事務所に有機農業や殺虫剤やその他の農薬の安全で正しい使い方などに関する研修会を開催するよう依頼して下さい。

協力を促進する方法

農薬の安全で正しい使用に関する経験や情報をあなたの隣人に交換するよう奨励して下さい。殺虫剤の使用における他の農家の良い経験から学ぶことは有用です。

さらなるヒント

— 農薬に付随している安全かつ正しい使用に関する情報を注意深く読んで下さい。

— 農薬の販売業者や農業の専門家に農薬の毒性や安全な使い方について相談して下さい。この有効な情報を家族や近隣に伝えて下さい。

— あなたの殺虫剤の登録商標を記して記録を残して下さい。この情報は農業あるいは健康の専門家に更に詳しい情報を尋ねるときに役立ちます。

— 農薬の販売業者および製造業者に薬品の安全性データシートを提供するよう依頼します。安全衛生に関する情報を顧客に提供することは彼らの主要な責務です。

覚えておくべきポイント

有機農業の正しい知識と理解、殺虫剤の安全で正しい使い方は、環境と消費者そしてあなた自身を守るでしょう。

図71a. 農業の指導者からあなたの畑の害虫に適した殺虫剤の選び方そしてその安全で正しい使い方を学んで下さい。

図71b. 殺虫剤の適切な選び方と使い方に関する情報は、通常、あなたの地域の代理店や販売業者が提供するパンフレットから入手できます。

図71c. 殺虫剤の環境への影響に気を付けて下さい。適切な害虫管理技術を適用することにより、使用する農薬の量を減らすことができます。

図71d. 農業における環境保護に関するセミナーに出席して知識を更新して下さい。

チェックポイント72

適切なバイオガス技術を利用して、人および動物の排泄物をリサイクルする。

なぜ

人および動物の排泄物は、環境汚染および公共の迷惑の潜在的な原因です。それは河川や運河を汚染し、漁業に深刻な被害を与えます。悪臭があなたの村の環境とその評判に損害を与えます。

どうやって

1. 排泄物を簡単に収集するための動物小屋を設計します。収集された排泄物を保管し、それをバイオガスに変換する発酵容器を開発します。経験豊富な農家や地元の農業専門家からこの技術を学んで下さい。

2. 人間のトイレに同じシステムを適用して排泄物を収集し、それをバイオガスに変換します。

3. 真っ直ぐで安全なパイプラインを使用して、バイオガス容器を家庭用調理器具に接続します。

4. あなたの地域に適した適切なバイオガス技術を学ぶセミナーを開催します。

協力促進する方法

排泄物処理技術とバイオガス技術が急速に発展しています。動物排泄物やバイオガスの生産を処理するために最近設立された施設を訪れて下さい。あなたの地域の状況に適した適切なテクノロジーを活用した費用効果の高い方法を学んで下さい。

さらなるヒント

— 安全で効果的な使用のために定期的にバイオガスシステム全体を点検し、維持します。

— バイオガス技術を利用する際には、地域の協力が重要です。農家がこの技術の使用を開始する際には、技術的なアドバイスを提供する必要があります。

— 複数の家庭が共同してバイオガスの生産および供給システムを設計し開発する場合は、費用対効果が高く効率的になります。

覚えておくべきポイント

人間や動物の排泄物は、低コストで環境にやさしいバイオガスに転換することができます。

図72a. あなたの地域の状況に最も適したバイオガス施設を選択して下さい。動物と人間の排泄物の処理と生成されたバイオガスの利用に関する訓練を受けて下さい。

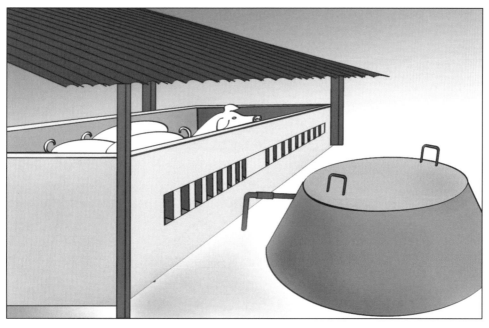

図72b. バイオガス施設を入念に設置します。バイオガスの収集と利用のための場所、配送経路を設計します。地域の良い事例から学んで下さい。

福利厚生施設

　健康的な農作業の基本的な必需品は、職場での安全な飲料水、栄養価の高い食品、衛生的なトイレ、短期間の休憩および休息場所です。これらはすべて、安価な地域資源を使用して改善することができます。妊婦は特別なケアが必要です。障害のある方は、作業場や労働条件に適切な調整が加えられたときに積極的に働くことができます。この章では、農家が必要とする福利厚生施設やシステムをアップグレードするための多くの実用的な解決策を見つけることができます。近隣の協力が成功の鍵であることは明らかです。

チェックポイント73

すべての職場で安全な飲料水や清涼飲料水を適切に供給する。

なぜ

農業従事者は、仕事中に激しい仕事をして汗として多くの水を失います。この水を元に戻す必要があります。暑い作業環境では、彼らは健康を維持するためにより多くの水を必要とします。冷たい飲料水は農家をリフレッシュし、疲れから回復するのを助けます。

寒い環境下で働く農家にも十分な水が必要です。寒い作業環境で大量の作業負荷を処理している間は、水分の多くが本体から失われます。短時間の休憩中のホットドリンクは、農家が自らをリフレッシュさせ、疲労を迅速に回復するのに役立ちます。

農場で提供される飲料水は、安全で清潔でなければなりません。現場で長時間保管されている水は汚染されており、下痢を引き起こす可能性があります。適切な水容器を使用して汚染を避け、作業現場近くの涼しく清潔な場所に保管して下さい。

どうやって

1. 清潔で安全な飲料水を選択して下さい。雨水と地下水が選択可能です。しかし、水源は慎重に監視して下さい。農薬やその他の危険な薬品を近くで使用する場合は、地下水を飲まないようにして下さい。

2. 少なくとも15分間、雨水または地下水を沸騰させましょう。きれいな瓶に注ぎ、しっかりと栓をして下さい。

3. 農場や作物畑では、飲料水の容器を安全で清潔でほこりのない場所に保管し、使用しないときは直射日光の当たる場所に置かないで下さい。

4. 冷たい作業環境では、水を暖かく保つことができる容器を使用し、暖かい場所に保管して下さい。

協力を促進する方法

日差しの中での仕事は重労働です。できるだけ頻繁に休憩時間を設けて下さい。作業場のすべての農家に安全で清潔な飲料水を配って下さい。収穫のような忙しい時期には、多くの農家が協力してお互いを助けなければなりません。1人か2人の担当を決め、安全で清潔な飲料水を準備し、全員に配布してもらって下さい。

さらなるヒント

— 沸騰水の前に水フィルターを使用して、不純物や浮遊物、砂やその他の砕片を排除して下さい。定期的にフィルターと飲料水の容器を掃除して下さい。

— 寒い作業環境では、小型のポータブルコンロを農場に持ち込み、水を沸かして温かい飲み物を準備します。

— 仕事中や休憩中にアルコール飲料を飲まないで下さい。彼らはあなたの疲労を増やし、エラーや事故のリスクを高めます。

覚えておくべきポイント

安全な飲料水を農場や作物畑に持って行き、農家のリフレッシュと健康を維持し、疲労からの迅速な回復を助けます。

図73a. 安全な飲料水は作業場の近くに置いて下さい。

図73b. 農場で働いている間は、適切な水の容器を持って行って下さい。

図73c. 短時間の休憩を入れ、安全な飲料水でリフレッシュして下さい。

チェックポイント74

作業場の近くに石けんを備えた定期的に清掃が行われるトイレと洗面所を用意する。

なぜ

きれいなトイレや洗面所は、農家にとって不可欠なものです。適切なトイレがなければ、農家、特に女性農作業者は、排尿を我慢しなければなりません。多くの人は、排尿の必要性を減らすために飲水を避けるかもしれません。これは特に暑い環境で働くときには健康に有害です。

農作業者は作業の後すぐに手や体を洗う必要があります。これは、殺虫剤やその他の危険な農薬を適用した後に強く推奨されます。洗濯施設は作業エリアの近くに設置する必要があります。農家は、たまに、大量の有毒化学物質に偶然に曝されることがあります。この場合、緊急の洗浄施設が必要です。あなたの作業区の近くに衛生的なトイレを建設します。

どうやって

1. 作業場の近くに衛生的なトイレを設置して下さい。トイレはプライバシーのために適切に遮蔽されるべきです。開発途上国の遠隔村の農家には、農村に適した多くの種類の低コストのトイレがあります。それらは消毒のために十分長い時間、人の排泄物を貯留します。

2. トイレには、水の容器、紙、蓋付のゴミ箱、ブラシ、石けんを付けて下さい。トイレをきれいに保って下さい。

3. 石けんと一緒に洗濯設備を設置します。そして十分な水の供給を確保して下さい。

4. 多くの農家が同じ施設を利用している場合は、男性と女性が別々に使用するのに十分なトイレと洗面所を設けるべきです。

協力を促進する方法

あなたの隣人と一緒に、作業場で衛生的なトイレを作る場所を計画して下さい。農家は近くで働くときにトイレを共有することができます。常にトイレを清潔に保つための共同計画を立てて下さい。

さらなるヒント

— トイレを使用した後、手を洗う良い習慣を付けて下さい。必要な洗濯設備と石けんを提供します。

— トイレと洗濯設備を定期的に清掃して下さい。

覚えておくべきポイント

作業場近くのきれいなトイレや洗濯施設は、農家の利便性と福利厚生のために必要であり、生産性を高めることができます。

図74a. 必要な衛生器具を備えた密閉式トイレ。

図74b. 移動式トイレは、一時的に仕事が行われる場所で使用することができます。

図74c. 現場の近くに洗濯設備を備えた衛生的なトイレ。

チェックポイント75

応急処置用具を常備し、応急手当の有資格者を訓練する。

なぜ

農場や畑は、村やコミュニティから離れていることが多いです。農家が現場で負傷した場合は、すぐに応急処置を受ける必要があります。作業場の近くには応急処置用具を用意しなければなりません。

農家が適切な訓練を受ければ、資格のある応急手当になることができます。彼らは、重傷を負った場合、多くの近隣の農家を救うこともできます。負傷した農家が最寄りの医療施設または病院に搬送される前に、適切な応急処置をする必要があります。

どうやって

1. 移動を伴う作業や現場での作業に対応するための持ち運びに便利な救急箱を準備する。

2. 救急キットの別々の区画に、さまざまなグループの薬物と器具を入れて下さい。これは緊急治療に役立ちます。怪我を治療するためには、滅菌綿、ガーゼ、アルコール、バンドエイド、包帯、洗眼液、はさみおよび消毒剤などのアイテムが含まれている必要があります。キットの内容は、職場の安全衛生規則の要件を満たし、職場で発生する可能性のある怪我の種類に適している必要があります。

3. 救急箱を子供の手の届かないところに置きます。キットボックスを薄い色で塗りつぶして、他のボックスと明確に区別します。

4. 診療所や病院で組織された緊急時訓練に参加し、他の農家と経験を交換しましょう。

協力を促進する方法

必要に応じて、近隣の人や友人に薬や医療器具を提供してお互いに助けて下さい。いくつかの緊急事態が夜間に起こることさえあるかもしれません。救急キットの内容を改善し、良好な状態に維持する方法に関するアイデアを交換して下さい。

さらなるヒント

— 間違いを避けるために、薬のすべての容器の見易い位置にラベルを付けて下さい。

— 薬の有効期限を定期的にチェックする。不適切な保管の結果、古くなったり劣化したりしたものは廃棄して下さい。薬効を良好に維持するために薬品容器はしっかり栓をして下さい。

— あなたの地域社会の経験豊富な人から、一般的に見られる病気、軽い病気、怪我を予防し、治療するための地元の薬草の使用について学びます。

覚えておくべきポイント

設備の整った、維持管理された応急処置キット、および基本的な健康知識は、緊急時にあなた、あなたの家族とあなたの隣人のために役立ちます。

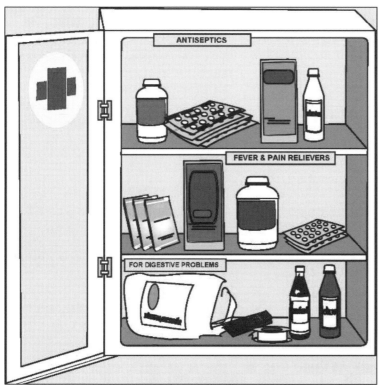

図75a. 関連する薬剤や器具のための異なる区画を持つ薬剤キット。

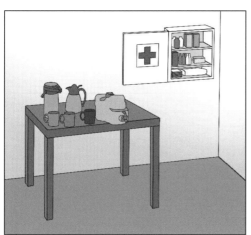

図75b. 薄い色を塗り、子供の手の届かないところに吊るされた緊急薬用キット。

図75c. 家族用の薬草の庭。

チェックポイント76

機械や危険な薬品から子供を遠ざける。

なぜ

子供たちは外で友人と遊びます。農場で働いている忙しい両親は、常に子供たちを見守ることはできません。子供たちは機械の危険性、農薬やその他の有害物質への暴露を知りません。これらの危険から子供達を遠ざけるための実践的な対策が必要です。

高学年の子供は危険を理解するでしょう。彼らには危険から遠ざける方法と、事故や病気から身を守る方法を教えて下さい。作業現場や家庭、地域社会の安全衛生に関する意識向上に貢献することができます。

どうやって

1. 子供が事故を起こさないように、危険な場所や施設の周囲に適切な障壁を置いて下さい。

2. 使用していないときは、すべての機械をオフにします。子供が触れた場合に、誤って機械が動かないようにして下さい。

3. 子供たちは畑や農場に来ることがあります。機械、滑り易い道、現場での農薬暴露などの潜在的な危険性を確認し、子供達を危険から遠ざけて下さい。

4. 使用済みのボトルを含む農薬のボトルや容器は、子供たちの手が届かない指定された場所に保管して下さい。

協力を促進する方法

幼児や赤ちゃんは安全のために特別な注意が必要です。あなたの家族と、可能性のある危険と防護措置について話し合いましょう。子供たちを保護するために家族の役割と責任を分かち合って下さい。あなたの隣人から子供たちの安全と健康を担保する良い事例を収集し、あなたの家族にそれらを適用して下さい。

さらなるヒント

— 近隣住民で幼稚園や保育所を作って、子供を安全で健康的な場所で預かりましょう。

— 子供の服に黄色や赤などの明瞭な色を使用して、交通や機械の事故を防ぎましょう。

— 子供たちが殺虫剤やその他の薬品に触れてしまった場合は、洗浄施設に連れて行って洗い流して下さい。

覚えておくべきポイント

子供たちを安全で健康に保ち、農作業や生活の中での危険から守ってあげましょう。

図76a. 子供たちは木製の遊びベビーサークルの中で安全に遊びます。

図76b. 子供を家の中に閉じ込めるための安全フレーム。フレームは、容易にアクセスできるように取り外し可能です。

図76c. 子供が中で安全に守られるように、竹やハイビスカスなどの現地で入手できる材料を使用して門と塀を作りましょう。

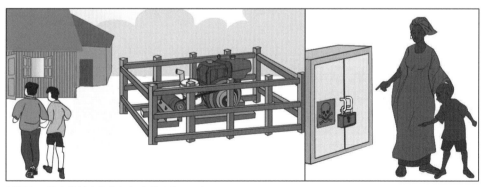

図76d. 子供を機械や農薬から遠ざけましょう。

チェックポイント77

畑の近くに日除けのある休憩場所を設置する。

なぜ

農家は労働生活のかなりの部分を現場で過ごします。自宅では、彼らはまた、疲れを回復し、健康を保つために、休息し、リラックスして、自分たちをリフレッシュさせ、食事を摂る必要があります。作業現場と家庭は離れていることもしばしばです。農場や現場の休憩場や施設は、疲労回復を促進します。同様に自宅でも、休憩やリラクゼーションのための施設は、農家が自分をリフレッシュさせ、疲労から回復するのを助けます。

どうやって

1. 現場であなたの仕事の近くに休憩施設を設置して下さい。簡単な小さな小屋がその目的を達成するでしょう。その建設のためには、ヤシの葉で葺くとか利用可能な地域の材料を使います。休憩施設にはハンモック、マット、または横たわることができるベッドを設置して下さい。

2. 快適な環境を作りましょう。あなたの休憩施設の壁に絵やその他の飾りを設置し、その周りには樹木や花を植えるのもいいかもしれません。

3. 屋内の作業場の場合は、リクライニングチェア、ハンモック、ベンチなどのリラクゼーション施設を簡単に設置できます。

4. 休憩場所と施設を近隣の農家と共有して下さい。

協力を促進する方法

休憩とは回復を意味します。休憩のための良い環境と習慣をあなたの隣人と共有して下さい。あなたの隣人と協力して、農場または農場の近くに休憩施設を建設し、一緒に使用して下さい。快適な休憩環境は、近隣の人との良好なコミュニケーションを促進します。

さらなるヒント

— 暑い気候で自然な空気の流れに支障がない場合は、休憩場所には乾いた日陰の場所を選択し、以外は寒い風から保護された乾燥した日当たりの良い場所を選択して下さい。

— 忙しい収穫期など、あなたのニーズを満たすために、異なる場所に一時的な休憩場所を設置することもできます。また、休憩所として使わない季節の間に、例えば道具や装備を一緒に保管するなど、他の目的のために使用することができれば、休憩施設を恒久的な施設として作ることもできます。

— 休憩所からの良好な眺めは、休息と疲労回復を促します。

覚えておくべきポイント

作業場や自宅の休憩施設は、疲労からの回復を促進し、あなたとあなたの家族が健康を維持するのを助けます。

図77a. 休憩は回復を意味します。あなたの隣人と良い休憩環境と習慣を共有して下さい。

図77b. 重作業を行った日は作業後にリラックスするための椅子を用意して下さい。

図77c. 家ではリラックス用の施設を用意しましょう。

チェックポイント78

レクリエーション施設を設置する。

なぜ

レクリエーション施設には農家にとって複数のプラスの効果があります。1日の重労働の後は、スポーツやゲームをすることが農家の気分をリフレッシュを助けます。適切なスポーツは、あなたの農作業では使用できない身体や筋肉の部分を使用するのに役立ちます。これはあなたの健康に良いことです。

また、レクリエーション施設は、生産的な協力の基礎となる近隣の農家との良好な関係を構築するのに役立ちます。スポーツ活動は農家のチームワークを発展させるのにも効果があります。村のチームは、他の村のチームとスポーツ競技を楽しむことができます。これらの交流は、将来の協力につながる近隣農家とのコミュニケーションを向上させます。

どうやって

1. あなたまたはあなたの隣人が必要とするレクリエーション施設を特定する必要があります。何人かはスポーツを選ぶかもしれませんが、他の人はゲームを好むかもしれません。友人とこれについて話し合って下さい。

2. レクリエーション施設を設置する場所を見つけ建設します。施設を村のコミュニティスペースに設置する場合、コミュニティの資産として建設されます。より多くの人々がそれらを使用することができます。

3. 設置されたレクリエーション施設の利用を促進しましょう。昼食休憩、仕事の後は施設が日常的に使用される時間です。

協力を促進する方法

あなたの地域社会でどのようなスポーツ施設やレクリエーション施設が利用可能かを調べて下さい。現地の機関や他のコミュニティ組織の支援を得て、既存の施設を拡張または改善することができるかどうか、あなたの隣人と一緒に調べて下さい。

さらなるヒント

— 簡単なスポーツやゲームの施設を最初のステップとして構築し、徐々に広げて行きます。あなたは近隣の村にあるレクリエーション施設から学ぶことができるかもしれません。

— 設置されたレクリエーション施設をコミュニティの資産として利用しましょう。休日にスポーツやゲームのイベントを開催し、地域の協力を強化する。あなたの隣人と楽しんで下さい。

— レクリエーションルームで快適に過ごせるように、テレビ、ソファ、コーヒーテーブルなどの適切な家具や備品を用意します。

覚えておくべきポイント

あなたの村やコミュニティのレクリエーション施設は、あなたの健康と地域社会の協力を促進します。

図78a. レクリエーション活動はあなたの隣人と良好な関係を作るのに役立ちます。

図78b. テレビ、ソファ、コーヒーテーブルなどの適切な家具や備品は人々がレクリエーションルームで快適に過ごせるようにします。

チェックポイント79

バランスの取れた栄養を確保するために、さまざまな種類の肉、魚、野菜など、いろいろな食品を摂る。

なぜ

あなたの健康を維持するために、肉、魚、野菜、果物などの様々な成分からなるバランスの取れた食事が不可欠です。良い食事は、疲れや病気から身を守るだけでなく、働くためのエネルギーを提供します。

収穫などの忙しい農作業期間中でも、良い食習慣を維持する必要があります。1種類の食べ物だけを繰り返し食べると、健康に悪影響を及ぼします。必要な栄養素の摂取を確実にするために、さまざまな食べ物を確実に確保するように最善を尽くして下さい。

どうやって

1. タンパク質、炭水化物、ビタミンなどの栄養要求をバランスさせます。

2. あなたが簡単に入手できる地域で入手可能な食材をチェックします。あなたの農場や近隣の村から、さまざまな栄養を含むさまざまな食品があるはずです。

3. 食べ物には肉、魚、野菜、果物など、できるだけ多くの食材が含まれていなければなりません。

4. 仕事に行く前に朝食を食べるようにして下さい。彼らがあなたの家から遠く離れている場合、農場や畑へランチボックスを持って行くか、作業場のダイニングルームで昼食を食べましょう。家が農場に近い場合、あなたは昼食を摂るために家に帰ることができます。仕事の後、家で夕食を用意して下さい。

5. あなたは魚の池を造り、野菜や果物を植え、さまざまな種類の栄養源を確保することができます。

6. 文化的、宗教的週間を考慮する必要があります。

協力を促進する方法

農場や圃場で隣人と一緒に昼食を取る。このことは作物に関する情報を交換する良い機会を提供します。おいしい栄養たっぷりの食べ物を隣人と共有し、健康的な料理を作る新しい方法を学ぶこともできます。作業の後に隣人と話す機会を楽しんで下さい。

さらなるヒント

— 農場や畑の近くで昼食のための楽しい場所を選択して下さい。昼食の場所には日除けが必要です。大きな木の下の場所を選ぶのもいいでしょう。あるいは、食べたり休んだりするために、農場の近くに小屋を作ることもできます。

— 料理は楽しいです！料理の役割を分担して下さい。男性と女性は料理の喜びを分かち合い、健康食品の準備を分担しましょう。

覚えておくべきポイント

定期的で栄養価の高い食事を採ることは、疲労を防ぎ、間違いや事故のリスクを最小限に抑え、生産性を向上させます。

図79a. 食事のために様々な栄養価の高い食品を使って下さい。

図79b. 圃場作業の時は、近隣の農家と一緒に昼食の時間を共有しましょう。

図79c. あなたの家族と定期的に栄養価の高い食事をして下さい。

チェックポイント80

疲労回復のための快適な睡眠環境を整える。

なぜ

　農家は、毎晩、疲れから回復するのに十分な高品質の睡眠を必要とします。定期的な睡眠習慣を確立することは、健康と生産性の良い仕事の基礎です。ある日の長い睡眠は、別の日の睡眠不足を補うことはできません。睡眠不足の作業従事者は、事故のリスクを増大させます。

　質の良い睡眠を確保するために、快適な睡眠環境を維持するよう注意して下さい。つまり、静かで、暑くも寒くもなく、悪臭や埃がなく、適切な湿度です（湿り過ぎでも、乾き過ぎでもない状態）。

どうやって

1．あなたの寝室としてあなたの家の静かな場所を選択して下さい。過度の暑さを避けるためには換気を良くして下さい。冬には、寒い外気があなたの寝室に入るのを防いで下さい。

2．揺れたり音が出たりしない、安全で安定したベッドを用意する。睡眠設備は良好で衛生的な状態で維持され、汚れ、悪臭、昆虫がいないようにして下さい。

3．昼間に、あなたの寝室を定期的に清掃し、外からの新鮮な空気で換気する必要があります。

4．毛布、枕、ベッドカバーは定期的に洗って日光の下で乾燥させて下さい。

協力を促進する方法

　あなたの地域社会の日常生活には、独自のリズムがあります。この確立されたリズムは、通常、あなたの毎日のリズムに好影響を及ぼします。良い睡眠環境の維持について、隣人と経験を交換して下さい。睡眠環境を改善する良い例がいくつかあるはずです。

さらなるヒント

— 定期的な睡眠習慣を確立します。あなたは、夜間に約8時間の高品質の睡眠が必要です。

— 農家は早朝に仕事を始めることが多いです。十分な長さの睡眠を確保するために、仕事や食事を遅らせてはなりません。

— 昼食後の15〜30分の昼寝は、農場労働者をリフレッシュし、午後の眠気を解消します。昼寝のための快適な場所を用意することは良いことです。

— 就寝前にアルコールを飲むことはお勧めしません。過度のアルコールは睡眠の質を低下させます。

覚えておくべきポイント

　夜間の質の高い睡眠は、昼間の健康と生産的な仕事の基礎となります。

図80a. 良い環境の中で
あなたがリラックスす
るのに役立つ地元の習
慣に従って下さい。

図80b. 就寝環境は清
潔で快適に保って下
さい。

図80c. 昼の間に、寝
室を定期的に清掃し、
外から新鮮な空気を
入れて下さい。

家族と地域の協力

　農業では、農家の家族は日常生活だけでなく、様々な農作業にも密接に協力しています。この緊密な協力の重要な側面は、農業と家事の共有です。妊婦、高齢の農作業従事者、障害者のための特別なケアも、家族全員の協力が必要です。さらに、コミュニティ内の他の世帯との共同グループ活動は、多くの季節的農作業を行う上で不可欠です。共同出資計画、定期的な会議、レクリエーション活動は、コミュニティの農家の安全、健康、福祉を改善するのに役立ちます。この章では、農業生活の様々な面で家族と地域の協力を強化するための多くの実践的なアイデアを紹介します。

チェックポイント81

経験豊富な指導者の助けを借りて重作業を行うためのグループ活動を組織する。

なぜ

農家は、1農家では実施することが困難な様々な重作業をしなければなりません。例えば、農道、橋、家の建設、井戸や運河の掘削、作物の収穫作業、重い機械の移動などである。グループでの作業は、これらの重作業を実施するための解決方法です。グループ活動は農家の協力体制を強化する良い機会を提供します。

これらの重作業を実行するには、良い計画と特別なスキルが必要です。農作業従事者は、これらの作業を安全かつ効率的に整理し実行するために経験豊かな指導者が必要です。経験豊富な指導者の下での農業者の協力は良い成果を保証するでしょう。

どうやって

1. 多くの農家の協力が必要な重作業を特定します。

2. グループ活動を組織して、重作業を計画し実行します。

3. 高所での作業、重い材料の運搬、危険な機械の使用などの作業に伴う安全性と健康上のリスクを検討しましょう。

協力を促進する方法

安全かつ効率的に作業を行うために、最も経験豊富で熟練した農家に他の農家の組織を率いるよう依頼して下さい。これらの作業の進行状況を監視および評価します。新しい作業方法と手順が紹介されたときの安全と健康のリスクについて評価します。

さらなるヒント

— 農家だけでは解決できない技術的または安全上の問題が作業に含まれている場合は、地方自治体や地方の技術機関に技術サポートを依頼します。

— 重作業をするためのグループ作業の経験は、農家の相互協力を強化します。この経験は、種子や作物栽培の新しい手法の交換、あるいは、農業機械を購入したり借りたりするときのお金の節約など、さまざまな農業に関わる業務を拡大することができます。

覚えておくべきポイント

重作業をするには、農家の協力が必要です。必要な安全衛生対策を共同で計画し、準備しましょう。

図81a. 重作業を行うときは、経験豊富な指導者の助けを得るためにグループ活動を組織しましょう。

図81b. コミュニティの道路の補修には他の農家の協力を得ましょう。

図81c. 重作業は多くの人の協力が必要です。

チェックポイント82

農業と家庭の仕事の役割を分散し、家族の誰かに過度な負担をさせないようにする。

なぜ

農家とその家族は、農業と家事の両方の仕事を実行する必要があります。身体的能力、スキル、経験に応じて、家族の成人構成員、男女ともが家族の役割と責任、そして農業を分担することが重要です。これにより、特定の家族の過負担を避けることができます。男性と女性は家事と家族の責任を共有することができます。

すべての成人家族は、調理、洗濯、育児、清掃など、様々な家族の仕事を知り、参加する必要があります。参加は、家族の生活や楽しみの中での彼らの仕事についての新しい発見を促します。家族はお互いから学ぶことができ、そのことが家族の結びつきを強めます。

どうやって

1. 家族の仕事の分担を見直します。農業と家事の仕事を上手く分け合うよう努力します。

2. 家族のそれぞれが負う責任が多過ぎないかどうかについて、家族で話し合って下さい。誰が疲れ過ぎているのか、または重い作業負荷によって筋肉の緊張があるかを知ることは有益です。

3. 農業と家庭の両方の仕事で役割を共有する方法に関するアイデアを交換しましょう。

協力を促進する方法

家族の性別に基づいて各人の役割を修正するのではなく、家族の身体能力に応じて様々な役割を果たします。役割分担について家族で話し合いを続け、機会があれば柔軟に役割を変えて下さい。

さらなるヒント

— コミュニティミーティングでは、家族の責任や幸せな家庭生活の経験を交換することができます。特定の家族への過度の負担を避ける良い例から学びましょう。男性の成人メンバーにも家事を依頼し、男性と女性の家族の責任を分担し合うよう常に奨励して下さい。

— 家族や家庭の仕事は朝から夜まで連続しており、十分な休憩をとることはしばしば困難です。休日でも作業は続けられます。お互いを助け、責任を共有し、すべての人に必要な休憩期間を確保しましょう。

— 収穫期などの忙しい作業期間に備え準備しましょう。家族の一人への過度の負担を避けるために、近隣の人やコミュニティ以外の農家からの一時的な支援を検討して下さい。食事の準備をするなどの家事労働は、隣人と一緒に行うことができます。

覚えておくべきポイント

家族での責任の共有は、家族の調和を高め、仕事の生産性を向上させます。

図82a. 家事を分担し、食事は一緒に作ります。

図82b. 家族みんなで営農を行います。

チェックポイント83

高価な機械や設備を購入またはレンタルするための共同出資計画を立てる。

なぜ

農家は機械、車両、設備を使用して生産性を高め、作業負荷を軽減します。それは費用を必要とするため、単一の農家では、しばしばそれらの購入が難しい状況に直面します。多くの農業機械は、限られた期間の農産物の生産工程でのみ使用されます。例えば、播種機や苗の植付け機は播種期にのみ使用され、収穫機は収穫期にのみ使用されます。

近隣の農家は、機械や設備の購入、使用、保守に共同出資することができます。共同購入は、個々の農家の家族がお金を節約し、機械の効率的な使用を増やし、生産性を向上させ、農家の作業負荷を減らすのに役立ちます。これはまた、単一の農家が購入するには高価な高品質の機械と設備を持つことができる機会でもあります。共同で出資する農家は、機械および装置を操作する上での安全衛生面を確保する責任も共同で負うことになります。

どうやって

1. 作業内容を確認します。あなたの仕事をより簡単に、より安全に、より生産的にすることができる機械や装置を探しましょう。これらの機械を持っている隣人に相談して下さい。

2. 同じ必要性を感じている隣人と一緒に高価な機械を購入する共同計画を立てます。

3. 農業機械の販売業者を訪問して、購入したい機械や設備を確認し、価格を確認して下さい。耐久性があり安全な高品質の機械と設備を特定します。

協力を促進する方法

共同で機械や設備を購入する方法については、近隣の人や農家の友人と話し合って下さい。共同出資計画だけでなく、共同保守計画についても同様に彼らと合意して下さい。

さらなるヒント

— 高価な機械や設備を共同出資で購入した経験がある農家から学びます。

— 共同出資者を自分で見つけることができない場合は、農業団体や協同組合が、見つけるのを手助けしてくれます。彼らは機械を購入するための実用的な出資計画を立てるのを手助けすることができます。

— 共同出資者との共同管理および共同保守計画を立てます。機械を保管する場所、定期的にメンテナンスして修理する人やメンテナンスと修理のコストを分担する方法について話し合います。

— 安全で良質な機械を購入し、共同出資者と共に安全かつ生産的に使用する方法を学びます。

覚えておくべきポイント

あなたとあなたの隣人は、高い生産性と作業負荷の軽減のために、高価な機械を一緒に購入して使用することができます。

図83a. あなたの隣人と一緒に農業機械の販売業者を訪問し、あなたの仕事に合った機械のタイプを調べます。

図83b. 近隣の農家とどの機械や設備が有用かを議論し、共同出資計画を策定します。

チェックポイント84

近隣の人たちが参加する定期的な会合やグループ活動を開催し、安全衛生面を見直す機会として使う。

なぜ

近隣の農家が協力して農業を改善する方法は、例えば、新しい農産物の導入、新しい生産方法の適用、製品の販売など、たくさんあります。定期的な会議は、情報と経験を交換するのに大いに役立ちます。安全衛生面は農業者の会議の中心的課題となるべきです。農業者は、経験を交換することによって、安全性と健康上のリスクをより正確に特定し、改善することができます。安全衛生のリスクを減らすことができる低コストの方法が数多くあり、結果として労働条件の改善が作業効率と経済的成功に貢献します。

どうやって

1. 近隣の農家が集まる場所を選択します。この場所のほとんどの人にとって便利な時間に会議を開催して下さい。

2. 会議を実用的かつ面白くすることが重要です。新しい生産方法、農産物の共同マーケティング、生産性を向上させる方法など、農家のそのときどきのニーズを反映する議題を選択して下さい。

3. 安全衛生の実践的改善の経験を交換します。

4. 資材の取り扱い、作業姿勢、機械および電気の安全性、農薬の取り扱い、暑さ、寒さ、騒音および粉塵などの物理的環境要因、および福利厚生施設などにおいて、近隣の農家がすでに実施している実践的な改善から学びます。

協力を促進する方法

作業のレイアウトと手順を改善するための実践的な方法について話し合います。資材を運ばなければならない距離などの簡単なレイアウト変更は、作業負荷を大幅に削減し、作業効率を向上させることがあります。レイアウトと手続きを一緒に改善する際に近隣者がどのように協力するかを調べて下さい。議論にはトイレや休憩所などの仕事の関連の福利厚生施設を含めて下さい。農業者は共同利用のためにこれらの施設を建設することができるかもしれません。

さらなるヒント

— 会議は長くはならないようにします。具体的な結果や行動計画を作成するために、実践的な議題を用意します。

— 会議の議論の結果を実施するためのフォローアップ計画を立てます。　誰が、いつ、何をすべきかを明確にして下さい。

— みんなの懸念と意見を聞くために、男女、若者、高齢者、遊牧農家、移民農家の平等参加を促進して下さい。

覚えておくべきポイント

農家間の定期的な会合は、労働生活の質を向上させるための実践的な機会です。

図84a. 隣人と一緒にあなたの農作業の安全と健康の側面を見直して下さい。

図84b. 農業機械を使用する際に近隣住民や地域社会のリーダーと安全衛生上のリスクを共同で検討して下さい。

チェックポイント85

妊娠中の女性のために特別な配慮をする。

なぜ

多くの女性が積極的に農業に従事しています。妊娠中は特に注意が必要です。妊娠中の女性の農作業者は、妊娠期間中、完全に仕事を避ける必要はありませんが、過酷な作業、過度の力を必要とする作業、悪い姿勢での作業、化学物質への暴露、または長時間労働や夜間の作業は避けるべきです。

彼女達の作業をより簡単にし、妊婦特有の要求に合わせるための実践的な行動が取られるべきです。調整された作業方法は、彼女達の作業の安全性と効率を向上させることができるでしょう。

どうやって

1. 重いものを持ち上げたり運んだりするなど、多くの力を必要とする作業に妊婦を配属しないで下さい。これは妊娠の最初と最後の月に特に重要です。改善のためには、近隣と家族の協力が不可欠です。

2. 妊娠中の女性が働く必要があるときに、軽い仕事を快適な姿勢で割り当てて下さい。妊娠中の女性のために座り心地を提供し、仕事中頻繁な休憩を取るようにして下さい。

3. 妊娠している農家と彼女たちの特有の要求について話し合います。改善の可能性を特定するために作業条件を精査します。妊娠した農業従事者を支援するために設計された実践的な措置は、彼女らが安全かつ効率的に働くことを可能にします。多くの場合、単純な解決方法がうまく機能します。

協力を促進する方法

妊娠中の女性の特別な要求に合わせて調整された良い労働条件の例をコミュニティに集めて下さい。改善を実現するために一緒に働いて下さい。例えば、改善された通路や作業場は、妊娠した農作業者が自由に移動し、快適に働くのを助けます。近隣の協力は不可欠です。

さらなるヒント

— 妊娠した農家の実用的な要求に応じて、飲料水、休憩場所、トイレなどの基本的な福利厚生施設を近くに設置して下さい。

覚えておくべきポイント

妊娠中の女性にとって働き易い環境を提供することは、妊娠の困難を克服するのに役立ちます。

図85a. 妊娠中の女性が仕事に参加する際に、良好で適切な座席を提供する。

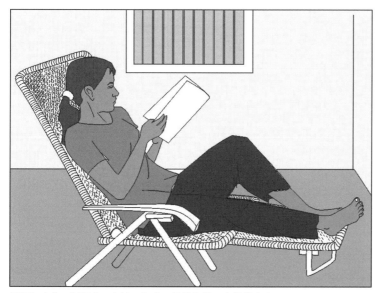

図85b. 家族の妊娠中の女性のための快適な椅子を提供する。

チェックポイント86

高齢の農家が安全に働くことができるように支援する。

なぜ

高齢の農家は経験豊富な農家です。彼らは、地域の状況に適した農業生産方法と手続きの経験があります。高齢の農家の労働条件や作業組織を調整して作業負荷を軽減すると、生産性が向上する可能性があります。

高齢の農家は、若手で経験の少ない農家へ助言を与えたり、監督をしたりなど、さまざまな方法で他の農家を助けることができます。

どうやって

1．高齢の農家と一緒に仕事の状況をチェックして、彼らの仕事が彼らにとって難しいかどうかを判断して下さい。これらの任務を高齢者の農家に適応させる方法について話し合って下さい。

2．重い農産物の持ち運びなど、高齢の農家を含む物理的に要求の厳しい作業のための機械装置を適用しましょう。彼らが自分の仕事を安全に達成できることを確認して下さい。

3．高齢の農家が指示書、看板、ラベルを大きい文字を使うことで簡単に読むことができるようにして下さい。

4．農業製品の包装など、屋内作業に従事している高齢の農家に十分な照明を提供する。必要に応じて、局部的な照明を設置して下さい。

5．高齢の農家がより容易に対応できるように、若年者と高齢者の仕事のペースを変えて下さい。

協力を促進する方法

新しい生産技術を導入する際には、高齢者の農家に相談して、どのような措置を若い農家や高齢の農家に適用する必要があるかを確認して下さい。農業従事者がお互いに助け合うことができるグループ作業は、仕事のペースが個人によって異なる場合があり、高齢の農家が抱える困難を解決するための良い解決策です。

さらなるヒント

— 高齢の農家の特別な要求に注意を払って下さい。彼らのスキルと経験は若い農家にとって有益です。重い資材の取り扱いを避ける、簡単な通路を提供する、または読書を容易にするために適切な照明を提供する、などの単純な解決策が高齢の農家には非常に役立ちます。

— 機械化するなどに加えて、タスクを物理的に簡単にするための他の手段もあります。例えば、資材の取り扱いを改善することは、高齢の農家を大きく助けることができます。

— 高齢の農家に、新しい仕事を彼らに適した方法で訓練して下さい。

— 高齢の農家に若い農家との仕事経験を共有する機会を提供し、効率的かつ安全に働く方法をアドバイスして下さい。

覚えておくべきポイント

高齢の農家の知識と経験をフルに活用して、それに合った労働条件を適用して下さい。高齢者に優しい職場は、すべての職場に親しみ易い職場です。

図86a. 高齢者には屋内作業に十分な照明を提供して下さい。

図86b. スイッチやディスプレイのラベルには大きな文字を使って、高齢者が容易に読むことができるようにして下さい。

図86c. 高齢者に趣味やレクリエーション活動の機会を提供することは、農業での経験を共有するのを助けます。

チェックポイント87

障害を持つ農業従事者が安全で効率的に作業できるように施設や設備を整備する。

なぜ

障害を持つ農業従事者は、彼らの要求に合う十分な支援が提供されれば、安全かつ効率的に働くことができます。障害を持つ農家の要求は、個人個人で異なります。機器や作業をより使い易いものにすることによって、いくつかの要求を満たすことができますが、障害者の限界に細心の注意を払わないと対応できない、他の個々の要求があります。

これらの要求を満たす最善の方法は、障害のある農業従事者の労働環境と仕事を慎重に観察することです。職場の改善に関するグループディスカッションを企画し、障害の状況に農作業を適応させることで、安全性と生産性が向上します。

どうやって

1. 障害のある農業従事者が働いている農場や農場を訪れる。彼らの仕事をより簡単で安全にするために必要なものについて話し合って下さい。

2. 障害のある農業従事者の特定の要求を満たす方法についてのグループディスカッションを企画しましょう。

3. 職場への容易なアクセスと作業用装備の使用だけでなく、職場への入所、レクリエーション場所へのアクセス、トイレの使用など、すべての農家が使う職場の福利厚生施設に容易にアクセスできるように考慮して下さい。

4. 障害を持つ農業従事者が安全かつ効率的に働くのを助ける、既存の良い例を見つけて下さい。

協力を促進する方法

障害のある農業従事者の要求に応えるための労働条件の適応と、障害を持つ農業従事者のための働く環境を創出するための仲間の農業従事者の協力と支援について、適切な訓練を企画して下さい。

さらなるヒント

— 障害を持つ農業従事者の仕事経験を他の農家と共有し、障害者の労働に対する要求を満たすことができる働き方と手順を助け、改善するための実践的なアイデアを、他の農家が受け入れることを促進して下さい。

— 農家が障害のある農業従事者と一緒にチームとしてどのように協力しているかの良い例を収集する。これらの例は、農作業を安全かつ効率的に共有する方法の良いモデルを提供して下さい。

— 障害のある農業従事者には、柔軟な作業組織と労働時間が特に必要になることがあります。実践的な解決策を見つけるためにグループミーティングで可能な選択肢について話し合いましょう。

覚えておくべきポイント

障害を持つ農業従事者を適切に支援することで、彼らは安全かつ効率的に作業することができます。彼らと他の農家を含むグループディスカッションを企画して下さい。

図87a. 障害のある農作業従事者には、快適で簡単な仕事を割り振り、適切な職場を提供します。

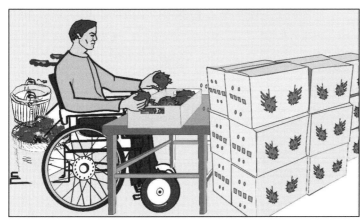

図87b. 車椅子を使う農作業従事者やその他の障害のある農作業従事者に適した作業場を提供し、スムーズかつ快適に作業できるようにします。

図87c. 障害のある農業従事者の職場のレイアウトと資材の取り扱いを再調整します。

チェックポイント88

運動を行うグループを組織し、コミュニティ内に健康クラブを作る。

なぜ

定期的な運動は、体力や能力を維持し、農作業の疲れからの回復を促進する良い方法です。休憩期間中の運動も、あなた自身をリフレッシュするのに役立ちます。定期的に運動を行うグループを組織することは、一緒に行うことで、運動の習慣を維持する可能性が高くなるので有効です。

あなたの体力を改善することは、農作業のためのあなたの仕事能力を維持する上で大いに役立ちます。仕事からの疲労が軽減され、回復が早くなります。あなたの隣人または健康クラブとの活動に参加することは、あなたが定期的かつ常習的な方法で運動をするのに役立ちます。

どうやって

1. グループでの運動の企画を行っている代行業者や本、テレビ番組から農家に適切な種類の運動を学びましょう。

2. あなたの隣人やコミュニティの指導者と共同運動の組織を話し合います。適切な身体訓練の選択や集団練習の経験がある適切な進行係を探して下さい。

3. 予め決めておいた所定の時間、または定期的にグループで体操を行います。天気が悪い場合は、代替運動プログラムの計画を立てて下さい。

4. グループの体操やスポーツ活動のための健康クラブを作ります。既存の健康クラブの経験から学ぶことが常に推奨されます。遊び場、ジム、フィットネス施設を利用する計画を立てて下さい。

協力を促進する方法

定期的な物理的練習を行うために、あなたのコミュニティまたは近隣のコミュニティの既存のグループ活動から学びます。グループ練習のメリットが簡単にわかります。あなたの近所の人や、健康クラブを持つことに関心のある人々、地元の農家にとってより適切であり、永続的な利点があるであろう運動やスポーツ活動の種類について議論して下さい。もし適切であれば、そのような身体的練習またはスポーツイベントの試行会を企画して下さい。

さらなるヒント

— 農作業を始める前に、あるいは小休止の間に短時間の身体運動を定期的に挿入して下さい。人々が簡単に一緒に行うことができる適切なタイプの運動を選択して下さい。

— あなたの近くにいる運動トレーナーに、利用可能な施設での運動の定期的なセッションを企画し、住民の参加を促すように頼んで下さい。定期的なグループでの運動は楽しいことになり得ます。

覚えておくべきポイント

グループでの運動は体力を維持し、近隣の農家との協調精神を促進します。

図88a. グループで運動を行うための定期的な機会を作りましょう。
これらの練習には休憩時間を使い、定期的に行うようにして下さい。

図88b. 地元の農家に適した運動やレクリエーション活動の種類については、コミュニティの健康クラブに
相談して下さい。

作業組織と作業日程

営農に関わる作業は多種多様な仕事で構成されています。苗床の準備、植え付け、中耕、収穫、農産物の調製・出荷で、これらは連続的に行われます。また、これらには家庭の維持管理も含まれます。こうした一連の作業は、複数の作物が同時に栽培されることから、しばしば組み合わされます。作業工程を事前に整理し、様々な段階のグループ作業を管理することが重要です。良いチームワークと十分に練られた作業行程が不可欠です。この章では、作業組織と作業日程を改善するための提案を示します。作業計画とチームワークの改善、仕事の共有、十分な休憩時間と円滑な作業の流れに注意が払われています。

チェックポイント89

　各作業者が多様で興味深い作業を行うことができるように作業を組み合わせる。

なぜ

　農家は、農作物の植え付けや収穫、あるいは農産物の選別や包装など、繰り返しの単調な作業をしなければならないことがよくあります。同じ単調な仕事の繰り返しと多様性の欠落は退屈と疲労を引き起こします。一つの仕事を繰り返し実行する場合、同じグループの筋肉のみが使用され、同じ作業姿勢が継続されます。これにより、局所的な筋肉疲労、痛み、または傷害が生じます。作業効率が低下します。故に、作業内容の頻繁な変更が必要です。

　単調性が原因で注意力が損なわれることがあります。これは簡単に作業品質の低下を招き、事故にもつながります。作業者の注意力と生産性を維持するためには、単調さを避ける必要があります。

　様々な作業を実行することにより、作業者は複数のスキルを備えるようになります。複数のスキルを有する作業者はより生産的であり、生産的な仕事の流れをより良く構成することができます。

どうやって

１．二つ以上のタスクを組み合わせて農作業を行います。作業場と道具に必要な変更を加えます。

２．作業員一人当たりのサイクル時間が長くなるように一連の作業を組み合わせます。

３．ある人数の作業者間で仕事のローテーションを組むことを許可し、各作業者が頻繁に仕事の内容を変更できるようにします。

４．新しい作業と組み合わせた作業を適切に実行できるように作業者の訓練を実施します。

協力を促進する方法

　自律的な作業グループを配置します。各グループでは、複数の作業者が結合した作業を実行し、一連の作業を行うための責任を共有します。忙しい季節における共同農作業の最近の経験を考慮して、これらの作業グループを維持するための適切な方法について話し合って下さい。

さらなるヒント

— 同じ作業者が複数の作業を実行するために使用できる作業場を設定します。また、その作業場は別の作業者が使用することもできます。

— 複合的な仕事をするときには、作業者が歩いたり、座ってから立ったり、立ってから座ったりする機会を与えて下さい。

覚えておくべきポイント

　単調さを避け作業をより面白くするために作業を組み合わせることで、生産性が向上します。

図89. 一つの農場労働者に二つ以上のタスクを割り当てることで、仕事がより面白くなります。

チェックポイント90

事故を記録・分析して改善策を話し合う。

なぜ

災害を記録することは、農家が事故の主な原因を知り、必要な改善を計画するのに役立ちます。これらの記録は、なぜ事故が起こったのか、既存の状況を改善するために何が必要なのかに関する有用な情報を提供します。

あなた自身、あなたの家族、近隣の農家の健康状態、病気、または不快感を記録することも同様に重要です。例えば、深刻な腰痛のある農家は、しばしば仕事を休みます。このタイプの慢性疾患は、事故記録のみが保管されている場合には分かりません。慢性疲労や頭痛などの不快感の一般的な症状のいくつかは、慢性的な農薬中毒の兆候である可能性があります。

どうやって

1. すべての事故、欠勤、病気およびその他の健康関連事象を記録し、必要に応じて労働安全衛生規則に従って報告して下さい。

2. 事故や疾病の原因を突き止め、効果的な予防対策を講じて労働条件を改善しましょう。

3. 事故、病気および欠勤の記録を保管し、時間の経過とともにその発生の傾向を分析して、管理方法の有効性を評価して下さい。

4. 労働安全衛生の専門家から、あなたの作業場でのリスクの評価と管理について助けを借りて下さい。

5. 事故記録に登場している各農家のプライバシーを保護して下さい。

協力を促進する方法

事故記録を保管するには、報告、報告書の記入、統計の保管、事故データの分析に関わるすべての人々の継続的な協力が必要です。直近の事故やその原因を分析した結果を誰かの前で発表して下さい。これにより、報告書を使用して事故を即座に報告できるようになります。

さらなるヒント

— 記録を分析するときは、誰が責任を負うべきかを決定するのではなく、安全な環境を提供することによって事故を防止する実践的な方法を見つけるよう心がけて下さい。

— 労働災害、病気、欠勤は生産性の敵です。事故記録と不在記録は、労働条件を改善し、事故のリスクを軽減するための有益な情報を提供します。

覚えておくべきポイント

事故、病気、欠勤を記録し分析することにより、農業者は労働災害や疾病を予防するための実用的な情報を得ることができます。

図90a. 簡単な報告書の書式を使用して事故を記録し、ファイルやスクラップブックを使用して収集したレポートを保管します。

図90b. 仕事に関連する怪我や病気の原因を分析し、今後同様の問題を防ぐ方法について話し合います。

チェックポイント91

レイアウトと操作の順序を変更して、異なる作業場間の作業の円滑な流れを確保する。

なぜ

良い作業レイアウトは、農家の不必要な繰り返しや移動を常に避けます。たとえば、一つの作業場から別の作業場への資材および製品の運搬に必要な総距離を最小限に抑えます。それによって、農家は円滑かつ快適に作業することができます。農業従事者は、身体的な労力を軽減し、怪我の危険性を減らすことができます。

スムーズな作業の流れは、ストレスのない職場環境を提供し、チームワークの利点を最大にします。作業の流れをスムーズにするために、生産レイアウトと作業の順序を改善する方法はたくさんあります。

どうやって

1. 農家が不必要な動きをすることなく割り当てられた作業を達成できるように、全体的な生産レイアウトを調整します。

2. 資材、製品、半製品のスムーズな流れを実現するために、各作業場内および異なる作業場間の高低差を調整します。

3. 農家が材料を運ぶ際に何度も移動しなければならない作業場を見つけ、そのような動きを避けるためにレイアウトを工夫して下さい。

4. 他の農家と協力して簡単なレイアウト変更を計画し、実行に心がけます。例えば、農家がしばしば二つの作業場の間で長距離を歩かなければならない場合、作業場を互いにより近くに配置し直して下さい。

協力を促進する方法

隣人や家族と一緒に共同作業中の動きを減らす方法について話し合って下さい。スムーズな作業対象物の流れのために、作業場間の高さのギャップや距離を最小限に抑えることによって、輸送手段と適切な作業場の再設計において、農家は、主導権を取ることができます。

さらなるヒント

— あなたの作業所で他の農家との共同立ち入り調査を実施し、容易に実施できるレイアウト変更を特定します。シンプルなレイアウト変更により、追加コストなしで生産性が向上することがあります。農家の不必要な動きをレイアウト変更によって取り除くことで、生産工程が大幅に改善され、時間と製品の損失を最小限に抑えることができます。

覚えておくべきポイント

レイアウトや生産の順序の簡単な変更で、農家の肉体的ストレスを軽減し、スムーズな作業対象の流れを促進することができます。

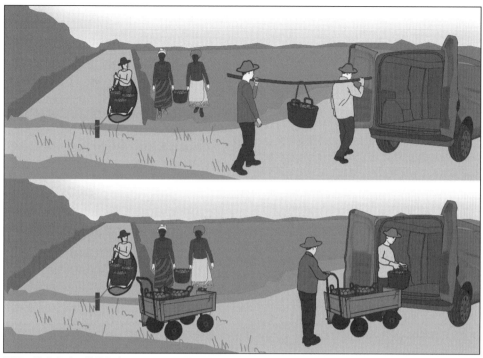

図91a. 作業方法の簡単な変更により、作業負荷を減らすことができます。

図91b. 作業工程を改善することで、事故を減らすことができます。

チェックポイント92

過度の機械的な作業を避けるために、仕事のローテーションやチーム作業を適切に構成する。

なぜ

農家は、農産物の選別や包装に機械を使用しています。しばしば、彼らは機械の速度で作業し、単調で反復的な作業を繰り返さなければならなくなります。これは疲労を引き起こし、生産性を低下させる可能性があります。

作業チームの仕事をローテーションすることで、これらのリスクを軽減できます。多くの農家は、個人ではなくグループに仕事を割り当てることが有益であると感じています。これは、作業グループがより生産性が高く、不必要な作業が少なく、間違いが少ないためです。

グループワーク配置を使用すると、機械的な作業を避けることがより簡単になり、時間もかかりません。作業はよりスムーズに行われます。

どうやって

1. 過剰な機械的な作業があるかどうかを確認するために、あなたの農場と作業所を見て下さい。仕事をローテーションさせることによって、またはチームワークによってこれを減らす可能性を探りましょう。

2. 仕事の適切なローテーションを設定して下さい。農業従事者がローテーションで実施できる仕事のグループを見つけます。作業日や数日間にわたって参加農家の間で作業をローテーションさせる計画を立てて実施しましょう。

3. チームメンバーが定期的に仕事を変更して過剰な機械的な作業を回避できるように、作業チームを編成します。

協力を促進する方法

農業従事者の仕事のローテーションは十分に計画されたものでなければなりません。指定された各仕事の期限は、参加農家によって合意されなければなりません。最初のローテーションの計画を試した後、仕事をより合理的にローテーションさせる方法について話し合って下さい。農業の仕事がある作物から別の作物へ、またある季節から別のものに変わるとき、異なるローテーションパターンがあるはずです。

さらなるヒント

— あなたが使用する機械の適切な速度を探します。機械の速度が速いと作業の質が悪くなり、疲労の原因となり、怪我の危険性が増します。これらの悪影響を避けるために、機械の速度を落として下さい。

— 定期的な短い休憩を入れて下さい。仕事が単調で機械ペースである場合、より頻繁な休憩が必要です。

覚えておくべきポイント

機械でペースが決まる仕事は、適切な仕事のローテーションとチームワークの努力によって改善することができます。

図92. 優れたチームワークは、同僚間の仕事の適切なローテーションを計画するのに役立ちます。これにより、単調性や作業負荷が軽減され、過度な機械的な作業が回避されます。

チェックポイント93

重度で単調な作業が続くのを避けるために、軽い作業と重い作業を交互に行う。

なぜ

農家は、重い農産物の運搬や暑いところや寒いところでの作業など、しばしば重作業に携わっています。継続的な重作業は容易に疲労を引き起こし、生産性を低下させる可能性があります。筋肉の痛みや怪我のリスクも増加します。

これらのリスクを軽減するには、軽量化と重作業を交互に行うことが現実的な方法です。あなたの農作業には多くの軽い仕事があるはずです。過度の作業負荷を避けるため、重作業から時折軽い作業に変更します。これは生産性の向上につながり、怪我や事故のリスクを低減します。

どうやって

1．あなたの農場を歩き、あなたが実行しなければならない作業項目を列挙して下さい。

2．作業負荷に応じて作業項目を、いわゆる、重いものか、軽いものか、に分類します。

3．軽い作業と重い作業を交互に行うための実用的な計画を立て下さい。

4．作業レイアウトと作業対象の流れを変更して、重い作業と軽い作業の計画的な交替が容易に行えるようにします。

5．あなたの仕事は季節ごとに変わることを覚えておいて下さい。実践的な作業計画を立てて下さい。

6．安全かつ容易な方法で重い作業を行うために適切な措置を講じます。例えば、より見通しの効くルート、台車または機械装置は、重い資材を運ぶ作業負荷を軽減します。最初に作業負荷を減らすための実践的な対策を適用し、その後、より軽い作業項目と重い作業項目を組み合わせます。

協力を促進する方法

農家は、どの作業が大変かを知っています。これらの仕事のいずれかがより簡単に実行できるかどうかについて話し合って下さい。容易に改善できない重い作業を特定し、これらの重い作業をより軽いものと交互に行う方法について話し合いましょう。適切な場合は、農家のグループの間で重い作業と軽い作業をするための共同計画を立てます。

さらなるヒント

— 軽作業と重作業を交互に行うための実施可能な計画を策定する際の作業距離と作業対象の流れを考えて下さい。

— 一人の作業者に過度の負担をかけることを避けるためにチームワークの取り組みを促進します。

— 与えられた作業対象が、暑いまたは寒い作業環境で重くなることがあります。季節の変化ましょうを考慮して下さい。風や雨、雪も作業負荷に影響します。

— 過度の作業負荷を避けるために作業手順を摺り合わせて下さい。

覚えておくべきポイント

過剰な作業負荷を回避し、怪我のリスクを軽減するために、重い作業項目と軽い作業項目を組み合わせます。

図93. 重い作業と軽い作業を交互に行うことで、重作業を避けることができます。

チェックポイント94

手作業を減らすための簡単で適切な機械装置や器具を提供する。

なぜ

農家は資材や農産物を手作業で扱うことがよくあります。これらの作業を継続して繰り返す必要がある場合、作業負荷は大きくなります。この作業負荷を軽減するために、適切な機械装置または工具を導入して使用することが重要です。

これらの装置と器具は、農家が安全に運転、操作できるように設計されていなければなりません。農家は野外でそれらを使用しなければならない場合もあるので、機材は簡単で丈夫でなければなりません。

どうやって

1. 重い材料や製品を頻繁に取り扱う必要がある作業を見直します。

2. 近隣の農家や家族に相談して下さい。作業負荷を軽減するために適切な装置が必要な作業についてアドバイスを求めて下さい。

3. 適切に設計された機械装置および器具を見つけて使用します。

4. 装置と器具は構造が簡単で操作が容易でなければなりません。

5. 可能であれば、屋外で使用するためにこれらの装置と器具は可搬式の強固なものにして下さい。

協力を促進する方法

農産物を扱うための様々な装置や器具があります。それらの多くは、農家の物理的作業量を減らし、生産性を高めることができます。あなたの隣人や家族と一緒に利用できる種類の装置を調べて下さい。同様の装置や器具を使用している農家を訪れて、自分の農場に導入することが有用かどうかを判断します。必要に応じて、装置と器具の共同購入および保守計画も検討して下さい。

さらなるヒント

— 安全で操作し易い装置や器具を選択して下さい。

— 装置や器具は定期的に点検し、良好で安全な状態に保ちます。

— 近隣の農家とアイデアを交換して、手作業を減らすのに役立つ装置や器具の種類を確認します。

覚えておくべきポイント

構造が簡単で操作し易い装置は、手動の作業負荷を削減するのに効果的です。

図94a. 簡単な装置が手作業
の作業負荷を軽減します。

図94b. 機械式のホイストは、農家の作業
負荷を軽減します。

チェックポイント95

畑で一人で働く農作業従事者のための緊急連絡手段を確立する。

なぜ

農家は農場、作物畑、野菜畑で単独で働くことがよくあります。これらの場所はコミュニティから離れており、農作業従事者が事故やその他の緊急の問題に遭遇したときに、すぐに助けに行ける人はいません。

農家にとっては、家族や近隣の農家に、彼らが働いている場所や家に戻った時を知らせることが重要です。信頼性の高い緊急連絡先は、事故が発生した場合に緊急支援の提供を容易にします。

どうやって

1．あなたの家族や近隣の農家との安全な作業計画について話し合い、啓発して下さい。あなたが何処で働くのか、いつ家に帰る予定なのかを知らせておいて下さい。

2．緊急連絡手段を議論し、確立して下さい。書面に書かれた計画は、事故が発生したときのパニックを避けるために非常に有用です。すべての家族や近隣の農家に計画と作業内容、緊急連絡手段を知らせておいて下さい。

3．携帯電話を持っている場合は、完全に充電し、離れた場所で一人で作業しているときは、携帯電話をオンにしたままにしておきます。寒い環境で作業している場合、低温はバッテリの動作時間を短縮する可能性があるため、携帯電話には完全に充電された予備バッテリが必要な場合があります。

4．離れた職場で一人で働いているときに起こりうるリスクを評価し、必要に応じて緊急連絡手段を再調整します。

協力を促進する方法

あなたの家族と相談して、屋外作業のための日々の計画を立てることを原則として下さい。それぞれの日の農作業の場所と作業終了時刻を含めて下さい。その計画があなたの家族の誰か、またはあなたの隣人の一部に知られていることを確認して下さい。このルールは、フィールドで単独で作業している間に発生する可能性のある緊急事態を検出するのに役立ちます。

さらなるヒント

― 怪我をした農作業従事者を離れた作業現場から病院に連れて行く計画を立てて下さい。

― 女性の農作業従事者が家から離れた作業現場で単独で作業する必要がある場合は、特に注意が必要です。彼女が他の農家と一緒に作業を行い、一人で働くことを避けましょう。

― 高齢農家にも特別な注意が必要です。彼らは弱い視力と筋力低下のために、より高い事故リスクがあります。彼らがチームで働き、家から離れた作業現場で一人で作業するのは避ける方が良いでしょう。

― 農作業従事者は暗闇の中で一人で働くことを避けましょう。

覚えておくべきポイント

野外で働いている農作業従事者のための緊急連絡のための書面による計画を作成します。

図95a. 野外や道路で一人で働いている農作業従事者がいることを、他の人にも容易にわかるように工夫して下さい。

図95c. 農作業従事者に、近くで働く他の人とコミュニケーションを取る手段を確保して下さい。

図95b. 現場で働く他の人と緊急連絡手段を確立して下さい。

チェックポイント96

出稼ぎ労働者に対して保護対策と福利厚生施設が用意されていることを周知する。

なぜ

農作業はしばしば出稼ぎ労働者によって行われます。これは植え付けや収穫などの忙しい農場の季節に特に当てはまります。

出稼ぎ労働者には、安全かつ効果的に作業するための特別な措置が必要です。特に、彼らが海外から来たとき、または他の地域から来たとき、あなたの言語を理解できないかもしれません。彼らの理解を確実にするために、作業方法と安全対策を適切な方法でこうした出稼ぎ労働者に伝えるべきです。

どうやって

1. あなたの農業を助ける出稼ぎ労働者の特別なニーズを見極めて下さい。彼らがあなたの言語を理解しているかどうか、彼らに特別な文化的ニーズがあるかどうかを調べます。

2. 効果的かつ生産的な方法で出稼ぎ労働者と働くための優れたシステムを確立した経験豊かな農家から学びます。

3. 出稼ぎ労働者に、作業に関連するすべての安全に関する指示を理解させて下さい。必要な書面による指示を彼らの言語で準備して下さい。

4. 出稼ぎ労働者の食べ物や宗教上の要求などの文化的ニーズを特定するために努力して下さい。提供されている住宅や施設が彼らの文化的ニーズに合っていることを確認して下さい。

協力を促進する方法

出稼ぎ労働者と、彼らが仕事についてどのように感じ、安全で快適に働くためにはどのような追加措置が必要かを話し合いましょう。既存の保護対策が十分であるかどうか、既存の福利厚生施設がニーズを満たすかどうかを知ることは特に重要です。出稼ぎ労働者との緊密な協議で改善活動を行って下さい。

さらなるヒント

— 出稼ぎ労働者との十分なコミュニケーションの機会を得て安全性と生産性を確保します。例えば、仕事を始める前に毎朝短い会合を持ちます。

— 彼らの文化的ニーズを理解する機会を作りましょう。彼らの食べ物を味わったり、文化的なパフォーマンスを楽しんだりするための小さなパーティーを企画して下さい。

— 地域の農業事務所やその他の機関に相談し、出稼ぎ労働者の保護措置を確保するための助言を求めましょう。

覚えておくべきポイント

出稼ぎ労働者は、安全で生産的な作業のために特別な保護と福利厚生施設を必要とします。

図96a. 保護器具が出稼ぎ労働者の特別な要件を満たしているか確認する。

図96b. 出稼ぎ労働者に割り当てられたそれぞれの仕事で必要な保護具を選んで下さい。

図96c. 出稼ぎ労働者に適切な福利厚生施設を提供して下さい。

チェックポイント97

十分な訓練期間を含め、年間の勤務スケジュールを計画する。

なぜ

農家の仕事は季節労働環境の影響を受けます。生産的かつ安全な労働条件を実現するためには、年間の勤務スケジュールを設定することが重要です。家族や社会的活動に必要な時間を確保するために、年間の勤務スケジュールを作成する場合も同様に重要です。

あなたの年次作業計画に、訓練と勉強のスケジュールを入れて下さい。農家は、安全、健康、効率のために営農のスキルを向上させる必要があります。

どうやって

1. 昨年からのあなたの勤務スケジュールを見直して下さい。スケジュールに従って作業ができなくなった問題を分析します。今年のスケジュールをどう改善できるか考えてみて下さい。

2. あなたが今年実行する必要がある作業項目をリストにします。また、家族や地域のニーズ、あなたの訓練要件を列記して下さい。

3. あなたの生産スキルと安全対策を向上させるためには、どのような訓練が必要かを考えます。

4. 家族と一緒に紙に書かれた年次作業計画を作成します。仕事、家族生活、訓練に必要なニーズを実現するのに十分な時間を割いて下さい。

5. 年次勤務スケジュールには柔軟性を持たせることが必要です。新しくて新興的なニーズを満たすために、作業計画を調整する必要になることもあります。完遂が困難な厳しいスケジュールは避けて下さい。

協力を促進する方法

毎年の勤務スケジュールを計画するにあたり、家族や地域のイベントを考慮に入れて下さい。あなたの家族や隣人とスケジュールの変更が受け入れられるかどうかについて話し合います。計画されたスケジュールには、休暇、研修の機会、レクリエーション活動に十分な時間が含まれていることを確認して下さい。

さらなるヒント

— あなたの仕事スケジュールに休暇のための十分な時間を含め、あなたの家族と過ごすのに十分な時間を確保して下さい。

— あなたの勤務スケジュールの進捗状況を定期的にチェックし、再検討します。進捗が満足できるものかどうか、家族と話し合います。調整が必要かどうかについても話し合います。

— あなたの安全と健康に関する勉強と訓練のための時間を考慮して下さい。例えば、使用している農薬の健康への影響を勉強してみるなどです。あなたは状況を改善するための実用的な解決策を見つけて下さい。

覚えておくべきポイント

よく計画された年間勤務スケジュールは、農家が安全で生産的な農業を確保するのに役立ちます。

図97a. 作業項目と家族の要求をリ
ストにして下さい。

図97b. 効果的な作業を達成するための年間
作業計画表を作って下さい。

チェックポイント98

標準勤務時間を設定する。超過勤務日を避け、適切な週休日を入れる。

なぜ

農業生産や農場での忙しい仕事のために、農家はしばしば週末に休みを取りません。雨の日でも、多くの農家はまだ働いています。毎週の休暇は、農家が農作業による蓄積された疲れから回復するのに役立ちます。休暇後、農家は仕事をリフレッシュすることができます。

定期的な週休日がなければ、リラックスしてフレンドリーな雰囲気の中で家族団らんの時間がなくなります。農家はレジャーや報道の有益な情報へのアクセスの機会が少なくなります。仕事の質を求めるのと同じように生活のより良い質を促進することが重要です。定期的な休憩の取り決めは、近隣のコミュニティの間で構築されるべきです。

どうやって

1. 家族全員が毎週定期的に休みを取って下さい。あなたの家族は休息と楽しみのためにその時間を使います。

2. 定期的な週休日と同様に、より長い休暇を毎年計画して下さい。あなたの地区以外の観光は、あなたの家族、特に子供達のためにすばらしい体験になるでしょう。

協力を促進する方法

忙しい農繁季や季節ごとのコミュニティのイベントでの共同作業を整理することで、長時間労働を回避できないか、隣人やコミュニティの指導者と話し合って下さい。また、週休日を確保するために近隣の農家間や地域間の連携強化について議論して下さい。

さらなるヒント

— コミュニティ全体が毎週定期的に休みを取るという文化を促進することができれば良いでしょう。徐々に変化を作り、家族のすべてのメンバーが一緒に定期的な休暇を取るような習慣を作って下さい。

— あなたの隣人と経験を交換し、休暇を取らなければ仕事もない、のステップを共有しましょう。

覚えておくべきポイント

定期的な週休は、疲労からの回復を促進するのと同時に家族の結びつきを強化します。

図98a. 家族との日常生活の時間を確保するために、定時の勤務時間を決めて下さい。

図98b. 家族と一緒に時間を過ごして下さい。

チェックポイント99

特に重作業を行う場合は、定期的に短い休憩を入れる。

なぜ

作業中に疲労から回復し、自分をリフレッシュするために短い休憩を挿入することは非常に重要です。休憩時間は短くても（約15〜20分）、作業負荷に応じて頻繁に取る必要があります。効果的な休憩は、事故防止につながります。休憩後は、仕事をより効率的に行うことができます。

農業従事者が、休憩を取らずに継続的に働くことは、たとえ仕事を終えた後に長い休憩を取ったとしても危険です。長くて連続して作業すると、疲労感が増し、その結果、事故のリスクが高まります。疲れは仕事の質も低下させます。

短い休憩のための快適な環境を作ることも同様に重要です。農業の場合、休憩の有効性を高めるために日陰の場所が必要です。安全な飲料水を提供することが不可欠です。

どうやって

1. 農場では、作業現場の近くに休憩場所を選択します。農家は時間を失うことなく頻繁に短い休憩を取るべきです。これは特に、家から遠い農家に役立ちます。

2. それぞれの短い休憩は、作業負荷に応じて、約15〜20分間持続すると良いでしょう。昼食のためにはもっと長い休憩を取って下さい。

3. 可能であれば、農場にシンプルな休憩施設を建設して下さい。作業エリアの近くで、ローカルで入手可能な低コストの材料を使用して下さい。例えば、横になれるように、ハンモック、マット、または単純なベッドを設置します。

協力を促進する方法

隣人は協力してコミュニティの短い休憩の習慣を構築し、実行することができます。共同利用のための休憩場所を共同で建設することができれば理想的です。勤勉な農家は頻繁に休憩を取ることを嫌うかもしれません。短い休憩の習慣を確立した隣人の良い経験から学んで下さい。彼らは自分の仕事の効率をより良くしなければなりません。休憩場所を短い休憩に使用すると、近隣の協力が強化されます。

さらなるヒント

— 他の農家と共同で仕事をする場合は、休憩を頻繁に取る作業プログラムを確立して下さい。作業に参加しているすべての農家が定期的に短い休憩を取れることを確認して下さい。休憩場所で隣人と一緒におしゃべりしてリフレッシュしましょう。

— 休憩場所を建設するために、地元の低コストの材料を使用します。いくつかの農家は、農場に農業用具を保管するためにも使用できる、より強固な休憩所を建設することを好むかもしれません。

覚えておくべきポイント
頻繁な短い休憩は、農家が疲労から回復し、安全かつ効率的に作業するのに役立ちます。

図99a. 農場の環境の良い場所で、定期的な休憩を取って下さい。

図99b. 重作業は、疲れからの回復のために、頻繁な休憩を必要とします。休憩を含む時間計画を事前に設定しましょう。

チェックポイント100

特に収穫やその他の忙しい時期でも定期的な食事の時間を確保する。

なぜ

農家は、過酷な仕事の要求に対処するために食生活を良くする必要があります。彼らは日頃の食事のための十分な時間を確保することが不可欠です。あなたの家族と一緒に食事をして下さい。これは、あなたの家族との良好なコミュニケーションを維持し、あなたの家族や仕事の生活についてのアイデアを交換するのに便利な習慣です。

多くの農家は、収穫やその他の忙しい時期に日頃の食習慣を維持するという課題に直面しています。十分な食事と休憩を取ることなく、長時間働くことは危険です。家族と近隣の協力がこの問題を改善します。

どうやって

1. あなたの食習慣を見直して下さい。1日に3回の食事を取って下さい。

2. あなたの毎日の3回の食事のための標準的なタイミングを設定します。あなたの家族と話し合い、食事を一緒に楽しむために最善を尽くして下さい。

3. 標準的な食習慣が影響を受ける忙しい時期を特定します。

4. 収穫やその他の忙しい季節に適した良い定時の食生活を維持するための実行可能な計画を立てて下さい。

5. トレーニングセッションを開催し、栄養価の高い食事と適切な調理方法について学びます。定時に食事を取ることのメリットについても学んで下さい。

協力を促進する方法

忙しい作業期間中であっても、良い食習慣を維持する方法について、近隣の農家と情報を交換して下さい。コミュニティのイベントに参加するとき、または食事が提供される会議で良い食習慣について話すのは有効です。

さらなるヒント

— 特定の家族への過負担を避けるために、家族と一緒に食事を作りましょう。

— 忙しい作業期間中に隣人と一緒に食事を準備するようにして下さい。これは、忙しい季節にも、食生活を確実にする効果的な方法です。

覚えておくべきポイント

良い、定時の食生活は、安全で健康的で生産的な労働生活を支えています。

図100a. 忙しい作業期間中でも、食事の時間は定時に行われるようにして下さい。

図100b. 近隣の農家は、忙しい作業期間中にお互いに食事を準備することができます。

付録

付録 1　参加・行動指向型トレーニングへの農業における人間工学的チェックポイントの使用

付録 2　農業における行動チェックリスト

付録 3　農業における人間工学的チェックポイントを使用したトレーニングワークショップのサンプルプログラム

付録 4　グループ作業成果の例

付録1 参加・行動指向型トレーニングへの農業における人間工学的チェックポイントの使用

人間工学と労働安全衛生の改善のための参加型プログラムに関して、多くの国で関心が高まっています。最近の経験によれば、これらのプログラムは、産業および農業における職場での安全性や健康に関する危険性を低下させる改善につながることが示しています。地域住民の主導による、現実的な改善に焦点を当てた参加ステップは、農村部や農業部門においても具体的な成果をもたらし得ること色濃く示しています。

参加型人間工学訓練プログラムは参加型の訓練方法を通して、農家を逐次的に訓練します。これらの方法は、チェックリストの練習と組み合わせた農場訪問と、農家によるグループディスカッションを含んでいます。参加している農家は、トレーニングプログラムで主に四つの活動を行います：

1. 農場や畑を訪問してチェックリストの練習を行う。
2. グループディスカッションを含む五つのテクニカルセッションに出席する。
3. 自分の農場の改善提案を作成する。
4. 優先的な改善を実施し、フォローアップ活動を組織する。

標準的なトレーニングワークショップには2日間かかります。典型的な2日間のプログラムは付録3に示されています。

1. チェックリストの練習のための農場訪問

すべての参加者は、農場や作物畑を訪問して、トレーニングの初めにチェックリストの練習を行います。この訪問は、通常、ワークショップのオープニングセッションの直後に実施されます。ワークショップ主催者は、この最初の農場訪問のために、対象としたコミュニティの中の典型的な農家を選択します。この農家は豊か過ぎることなく、また、貧し過ぎることもあってはなりません。そ

の農場や農作物の畑では、安全衛生面で改善すべき点がある必要があります。

農場訪問中の最初の活動は、行動チェックリストの練習です。各参加者は、農場の状態を観察し、自分の経験に基づいてチェックリストを完成させます。チェックリストの項目は、参加者が主要な安全性と健康状態を特定し、対応する実用的な解決策を見つけるのに役立ちます。チェックリストの例を付録2に示します。

行動チェックリストの練習では、参加者は他の農業従事者の既存の良い実践から学び、実行可能な安全衛生改善アイデアを見つけることを奨励します。トレーナーによる技術的な解説は、チェックリストの練習の終了後にのみ行われます。これは、安全衛生活動が、外部の援助を待って所有者が行う改善活動に対する農家の意識を促進するためにではなく、農家自身の知識から始まることを保証するためです。

2. 五つのテクニカルセッションとグループ作業の優先順位付け

自分が作ったチェックリストを持って農場から戻った後、参加者は五つの技術的なセッションに参加し、訪問した農場の良い点と改善すべき点の双方について議論します。研修プログラムの五つの技術分野は、農家の日常業務に直接関係しています。これらの各技術分野には、農家自身のアイデアを使用して安全性と健康を改善するための多くの低コストの方法があります。

五つのテクニカルセッションのそれぞれは、トレーナーによる導入、グループディスカッション、グループプレゼンテーションから構成されています。トレーナーの説明では、五つの技術分野における安全衛生を改善するための実践的な指針を示します。これらのガイドは、農家の安全衛生向上への関心を刺激するもので、完全な改善プログラムを提供するものではありません。トレーナーは、簡単に理解できるイラストや良い地元の例の写真

を見せて、参加者が理解し易いようにガイドを説明します。トレーナーは、悪い例や他の国の例を示しません。良いトレーナーは、これらのプレゼンテーションのために多くの良い地元の例とそれに対応する写真を見つける努力をしています。

各テクニカルセッションでは、トレーナーの導入説明後にグループディスカッションが行われます。参加農家は5、6人の小人数のグループに分かれます。女性と男性で参加している農家は、通常同じグループに入ります。各グループは、訪問したばかりの農場の、三つの良い点と三つの改善すべき点について議論し、特定します。彼らは弱点ではなく、まず農場の強みについて話し合うよう奨励されます。農家は改善のための多くのアイデアを持っているかもしれませんが、地元の資材やスキルを使って実施できる三つの実践的な行動の優先順位付けを行います。

3. 改善提案の作成とフォローアップ活動の組織化

参加農家は、五つのテクニカルセッションで示された実践ガイドと地元の良い例を参考にして、自分の農場や栽培圃場の安全衛生を改善するための提案を作成します。彼らは、1ヶ月以内に実施できる三つの短期的な改善と、実装に最大6ヶ月を要する二つの長期的な改善を特定して提示します。

ワークショップを実施した後、トレーナーは農家の参加者を訪問し、計画された改善活動をフォローアップします。フォローアップ訪問は、トレーニング実施後、数ヶ月以内に行われます。農家は通常、トレーニングに参加してから1～3ヶ月後に最初の改善を完了します。彼らはトレーナーに彼らの改善を示すことを誇りに思っています。トレーナーは、これらの農家との良好な接触を維持し、長期的な安全衛生改善活動を支援することが重要です。最初のトレーニングワークショップは、トレーニングを受けた農家による長期的な改善活動の始まりにすぎません。

人間工学のトレーニング参加者への定期的なフォローアップ訪問は、農家の改善活動を見て、さらなる改善計画について議論するよい機会を提供します。もう一つの効果的なフォローアップ活動は、農家が改善を発表し、更なる改善のための経験とアイデアを交換し、協力的な将来の行動について議論する課題達成型ワークショップを組織することです。人間工学的なトレーナーは、トレーニングを受けた農家のネットワークを維持し、拡大するために、定期的にこれらのフォローアップ訪問と会議を行います。

付録2 農業における行動チェックリスト

（「職場のチェックリストのための実際のヒント」引用、国立労働安全衛生研究所、マレーシア、2005）

チェックリストの使い方

1. チェックする作業領域を定義します。
2. 作業エリアを歩いて数分過ごす。
3. 各アクションについて、「いいえ」または「はい」を選択します。
   アクションが既に適用されているか、必要でない場合は、
   「いいえ」を選択します。
   アクションを提案する場合は、「はい」を選択します。
4. いくつかの緊急アクションを選択し、これらのアクションの
   「優先」にチェックマークを付けます。
5. あなたの提案を「備考」に記入して下さい。

Ⅰ．資材の保管と取り扱い

1. 人と物の移動のために輸送ルートを片付けて、良好な状態に保つ。

   行動を提案しますか？

   □ いいえ　　□ はい　　□ 優先

   備考……………………………………………………………………
   ……………………………………………………………………

2. 輸送ルートの穴をなくし、必要に応じて傾斜台やスロープを設置する。

   行動を提案しますか？

   □ いいえ　　□ はい　　□ 優先

   備考……………………………………………………………………
   ……………………………………………………………………

3. 川や運河、水路には、十分幅が広く安定した橋を架ける。

   行動を提案しますか？

   □ いいえ　　□ はい　　□ 優先

   備考……………………………………………………………………
   ……………………………………………………………………

4. 作業エリアの近くに、資材、道具、製品を保管するための多段
   式の棚やラックを設置する。

   行動を提案しますか？

   □ いいえ　　□ はい　　□ 優先

   備考……………………………………………………………………
   ……………………………………………………………………

5. 資材や農作物を運ぶために、適切なサイズで良い取っ手が付いた容器やバスケットを用意する。

行動を提案しますか？

□ いいえ　　□ はい　　□ 優先

備考………………………………………………………………………

………………………………………………………………………

6. 重いものを持ち運ぶには、台車、手押し車、車両、ボート、動物を使用する。

行動を提案しますか？

□ いいえ　　□ はい　　□ 優先

備考………………………………………………………………………

………………………………………………………………………

7. 圃場内の通路で効果的に働くために、十分な大きさの車輪を台車や手押し車に取り付ける。

行動を提案しますか？

□ いいえ　　□ はい　　□ 優先

備考………………………………………………………………………

………………………………………………………………………

Ⅱ. 作業場の設計と作業器具

8. 肘の高さまたは肘の高さよりわずかに低くなるように作業高さを調整する。

行動を提案しますか？

□ いいえ　　□ はい　　□ 優先

備考………………………………………………………………………

………………………………………………………………………

9. 丈夫な背もたれを備えた安定した椅子やベンチを設置する。

行動を提案しますか？

□ いいえ　　□ はい　　□ 優先

備考………………………………………………………………………

………………………………………………………………………

10. 頻繁に使用される器具やスイッチ、資材は作業者が簡単に届く範囲に置く。

行動を提案しますか？

□ いいえ　　□ はい　　□ 優先

備考……………………………………………………………………

………………………………………………………………………

11. それぞれの器具に「家」を提供する。

行動を提案しますか？

□ いいえ　　□ はい　　□ 優先

備考……………………………………………………………………

………………………………………………………………………

12. 作業中は、ジグ、クランプなどの固定器具を使用して物品を保持する。

行動を提案しますか？

□ いいえ　　□ はい　　□ 優先

備考……………………………………………………………………

………………………………………………………………………

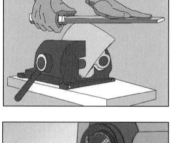

Ⅲ．機械の安全

13. 機械の危険な稼働部分には適切なガードを取り付ける。

行動を提案しますか？

□ いいえ　　□ はい　　□ 優先

備考……………………………………………………………………

………………………………………………………………………

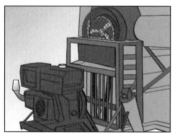

14. 危険を避け、生産量を増やすには、適切な供給装置を使用する。

行動を提案しますか？

□ いいえ　　□ はい　　□ 優先

備考……………………………………………………………………

………………………………………………………………………

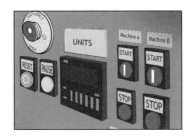

15. 緊急時の操作装置をはっきりと示し、操作装置やスイッチにその国の言語でラベルを添付する。

行動を提案しますか？

□ いいえ　　　□ はい　　　□ 優先

備考……………………………………………………………………………

………………………………………………………………………………

Ⅳ．作業環境と有害物質の管理

16. 屋内の環境を改善するために自然換気の使用を増やす。

行動を提案しますか？

□ いいえ　　　□ はい　　　□ 優先

備考……………………………………………………………………………

………………………………………………………………………………

17. 作業場を照らすために昼光と明るい壁を利用する。

行動を提案しますか？

□ いいえ　　　□ はい　　　□ 優先

備考……………………………………………………………………………

………………………………………………………………………………

18. 過度の暑さや寒さへの継続的な暴露を避ける。

行動を提案しますか？

□ いいえ　　　□ はい　　　□ 優先

備考……………………………………………………………………………

………………………………………………………………………………

19. 殺虫剤、農薬、散布装置は安全かつ指定された場所に保管する。

行動を提案しますか？

□ いいえ　　　□ はい　　　□ 優先

備考……………………………………………………………………………

………………………………………………………………………………

20. 殺虫剤や農薬にラベルを貼る。

行動を提案しますか？

□ いいえ　　□ はい　　□ 優先

備考……………………………………………………………………

…………………………………………………………………………

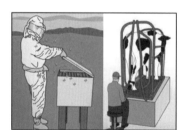

21. 農薬の安全な使用など安全衛生に関する情報を収集し、その情報をコミュニティに発信する。

行動を提案しますか？

□ いいえ　　□ はい　　□ 優先

備考……………………………………………………………………

…………………………………………………………………………

22. 農家に危害を加える可能性のある動物、昆虫、またはヒルに注意する。

行動を提案しますか？

□ いいえ　　□ はい　　□ 優先

備考……………………………………………………………………

…………………………………………………………………………

Ⅴ．福利厚生施設

23. 農場で適切な飲料水と飲み物を提供する。

行動を提案しますか？

□ いいえ　　□ はい　　□ 優先

備考……………………………………………………………………

…………………………………………………………………………

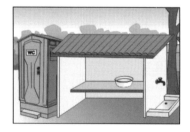

24. 清潔で衛生的なトイレと洗濯設備を設置する。

行動を提案しますか？

□ いいえ　　□ はい　　□ 優先

備考……………………………………………………………………

…………………………………………………………………………

25. 疲労回復のための休憩場所と施設を設置する。

　行動を提案しますか？

　□ いいえ　　□ はい　　□ 優先

　備考……………………………………………………………………
　………………………………………………………………………

26. 衣類、手袋、長靴、靴、帽子、ヘルメットなどの適切な保護具
　を使用して、怪我や危険な物質との接触を防ぐ。

　行動を提案しますか？

　□ いいえ　　□ はい　　□ 優先

　備考……………………………………………………………………
　………………………………………………………………………

27. 応急箱を設置する。

　行動を提案しますか？

　□ いいえ　　□ はい　　□ 優先

　備考……………………………………………………………………
　………………………………………………………………………

28. 妊娠中の女性や障害のある農業従事者に特別な注意を払う。

　行動を提案しますか？

　□ いいえ　　□ はい　　□ 優先

　備考……………………………………………………………………
　………………………………………………………………………

VI. 作業組織

29. 運搬資材の距離を短縮するために、より良い作業レイアウトを構成する。

行動を提案しますか？

☐ いいえ　　☐ はい　　☐ 優先

備考…………………………………………………………………

…………………………………………………………………

30. 短い休憩を頻繁に取る。

行動を提案しますか？

☐ いいえ　　☐ はい　　☐ 優先

備考…………………………………………………………………

…………………………………………………………………

31. 特定の家族への過負担を避けるために、家族の責任を共有する。

行動を提案しますか？

☐ いいえ　　☐ はい　　☐ 優先

備考…………………………………………………………………

…………………………………………………………………

付録3 農業における人間工学的チェックポイントを使用した
トレーニングワークショップのサンプルプログラム

A. 2日間のワークショップ
   1日目
   7:30- 8:00　　受付
   8:00- 8:30　　開会式
   8:30- 9:00　　トレーニングのオリエンテーション
   9:00- 9:20　　休憩
   9:20-11:20　　**アクションチェックリスト練習のための農場への訪問**
   9:20- 9:50　　職場へ移動
   9:50-10:50　　実地踏査によるチェックリストの練習
   10:50-11:20　　研修会場に戻る
   11:20-12:00　　グループディスカッション
   12:00-13:00　　昼食
   13:00-14:50　　**セッション1：資材の取り扱いと保管**
   13:00-13:40　　トレーナーのプレゼンテーション
   13:40-14:20　　グループディスカッション
   14:20-14:50　　グループプレゼンテーションと全体討議
   14:50-15:10　　休憩
   15:10-17:00　　**セッション2：機械の安全**
   15:10-15:40　　トレーナーのプレゼンテーション
   15:40-16:20　　グループディスカッション
   16:20-17:00　　グループプレゼンテーションと全体討論

   2日目
   8:00- 9:40　　**セッション3：作業場の設計と作業器具**
   8:00- 8:40　　トレーナープレゼンテーション
   8:40- 9:10　　グループディスカッション
   9:10- 9:40　　グループプレゼンテーションと全体討論
   9:40-10:00　　休憩
   10:00-12:00　　**セッション4：作業環境と有害物質の管理**
   10:00-10:40　　トレーナーのプレゼンテーション
   10:40-11:10　　グループディスカッション
   11:10-12:00　　グループプレゼンテーションと全体討論
   12:00-13:00　　昼食
   13:00-14:40　　**セッション5：福利厚生施設**
   13:00-13:40　　トレーナーのプレゼンテーション
   13:40-14:10　　グループディスカッション
   14:10-14:40　　グループプレゼンテーション
   14:40-15:00　　休憩
   15:00-17:00　　**セッション6：最終提案の策定**
   15:00-15:40　　改善の実施
   15:40-16:20　　グループディスカッション
   16:20-17:00　　グループプレゼンテーションと全体討論

B. 1日ワークショップ

7.00- 7.30	開会
7.30- 8.00	トレーニングのオリエンテーション
8.00- 9.30	チェックリスト練習のための農場と農家宅への訪問
9.30- 9.50	休憩
9.50-11.20	**セッション1：労働条件の改善**
9.50-10.20	トレーナーのプレゼンテーション
10.20-10.50	グループディスカッション
10.50-11.20	グループプレゼンテーション
11.20-12.30	昼食
12.30-14.00	**セッション2：生活条件の改善**
12.30-13.00	トレーナーのプレゼンテーション
13.00-13.30	グループディスカッション
13.30-14.00	グループプレゼンテーション
14.00-14.20	休憩
14.20-15.20	各農家家族による行動計画の策定
14.20-14.50	討論
14.50-15.20	アクションプランの提示
15.20-15.40	トレーニングプログラムの評価
15.40-16.00	閉会

付録4　グループ作業成果の例

（引用：WINDプログラムブック、ILO、2009）

ベトナム、カントーの農家によるグループ作業成果

グループ	労働条件	生活条件
1	1. 水田で作業するときに靴を着用する	1. 子供のための安全ガードを開発する
	2. 強い日焼けから農家を保護するための長袖シャツの使用する	2. 家庭経済を計画する（収入と経費）
	3. 農薬を安全に保管する	3. 隣人と一緒に農業機械を購入する
2	1. 重い農産物を運ぶ際にボートを使用する	1. 小児の食生活を確保する
	2. 強い太陽熱から農家を保護するために長袖シャツを着用する	2. 家庭経済を計画する
	3. 水田に休憩施設を設置する	3. 家族とのコミュニケーションを拡大する
3	1. 強い太陽熱から農家を守るために長袖シャツを着用する	1. 家族用の応急処置キットを準備する
	2. 水田に休憩施設を設置する	2. 衛生的な方法で洗濯機と衣服を洗う
	3. 水田に安全な飲料水を持ち込む	3. より多くの換気と照明のために家に開口部を設置する
4	1. 水田に休憩施設を設置する	1. 適切かつ衛生的な方法で服を着る
	2. 水田に安全な飲料水を持ち込む	2. 家庭経済を計画する
	3. 水田付近にトイレを設置する	3. 家族用の応急処置キットを準備する
5	1. 水田付近にトイレを設置する	1. 衛生的なトイレを設置する
	2. 水田で作業するときに靴を着用する	2. 家族用の応急処置キットを準備する
	3. 農薬を安全に保管する	3. 衛生的な方法で洗濯機と衣服を洗う

著者　あとがき

　農業は先進国と新興国のどちらにおいても最も危険な分野の一つです。労働災害や疾病を減らし、生活条件を改善し、生産性を向上させるために、農業や地方の現場で実践的な行動を適用することに注目が集まっています。多くの国からの報告によると、人間工学的なイノベーションの実現可能性と有効性が示されており、農業や田舎の環境で働き、生活する条件が改善されています。これらの優れた事例をもとに、このマニュアルでは、特に開発途上国における人間工学的な改善を容易に実現するための実践的で具体的な指針を示します。

　ILO と国際人間工学協会との長期的な協力の結果、低コストまたは無償で実現できる実用的な人間工学的改善のマニュアルが 100例の図と共に示されました。各チェックポイントはそれぞれ具体的なアクションを記述し、アクションが必要な理由と実行方法と、さらにヒントとポイントを提供しています。チェックポイントは、人間工学に基づいて設計された器具や機材の取り扱い、それに作業場、物理的な環境、福利厚生施設、チームワークの方法および地域協力を調整するための最良の技術に焦点をあてています。この貴重なトレーニングツールは、雇用者、監督者、労働者、検査官、安全衛生担当者、トレーナーと教育者、エンジニア、エルゴノミスト、デザイナーなど、農業や農村地域でのより良い職場作りに関わるすべての人のために設計されています。

翻訳者　あとがき

　農業機械の仕事に携わって今年でちょうど40年になります。その６年前の学生時代、農作業事故の問題が深刻で、年間に約 400名の方が亡くなっていることを教わりました。メーカーに就職し農業機械関係の仕事に携わった後、大学に戻ってからは農業機械の開発の仕事をしてきましたが、農業機械事故については、見て見ぬふりをして来たのが事実でした。

　10年前にご縁があって、日本農業労災学会の立ち上げに関わりましたが、その後間もなく、このILOのErgonomic Checkpoint in Agricultureに出会い、翻訳を手掛けることになりました。PDF 書籍として無料でダウンロードできる形態で出版されたこの著作物を、スマートフォンなどで簡単に利用できる日本語版のアプリ「農業における人間工学的チェックポイント」にするために、ILO から学会に翻訳についての相談があったのでした。

　話しはまた学生時代に戻りますが、大学の恩師であった、故米村純一先生に連れられて農業機械事故調査に同行したことがありました。農家出身でなかった私にとって、農村地域に出向いての聞き取り調査は新鮮なものでした。　ILOのこの著作物の内容は、その調査を思い出す内容でした。その米村先生が退官されて10年経った頃、先生の後継者としての仕事がいくつか舞い込んできましたが、考えてみれば、今回の翻訳の仕事は、先生に導かれたものかもしれません。ですが、つたない小生の経験では、難航することも多々あり、大変苦労したというのが正直なところです。

　アプリの仕事を終えて５年の月日が流れ、昨年は農水省が立ち上げた農作業安全検討会の委員を仰せつかりました。そんな中、新たにできた交流の輪の中で、「農業における人間工学的チェックポイント」を手に取れる冊子体として欲しいという声もあり、日本農業労災学会の北田紀久雄会長が発起人代表となって有志を募り、発刊することになりました。再度、全文に目を通すことになりましたが、改めてこの著作の普遍性に触れ、ぜひ冊子体にしたいと思った次第です。

　最後にこの「農業における人間工学的チェックポイント」が、農家の健全で明るい経営に、そして日本の農業の安心で安全な未来に繋がる一助になることを願って筆をおきたいと思います。

日本語版訳者・著者紹介

北田紀久雄（きただ きくお）
　　元東京農業大学教授（日本農業労災学会会長）
田島　淳（たじま きよし）
　　東京農業大学教授、地域環境科学部生産環境工学科
　　（日本農業労災学会副会長）
白石正彦（しらいし まさひこ）
　　東京農業大学名誉教授（日本農業労災学会参与）
門間敏幸（もんま としゆき）
　　東京農業大学名誉教授（日本農業労災学会常任理事）
半杭真一（はんぐい しんいち）
　　東京農業大学准教授、国際食料情報学部国際バイオビジネス学科
　　（日本農業労災学会副会長）

農業における人間工学的チェックポイント（日本語版）

2023（令和5）年3月31日　　初版第1刷発行

原　編　者　　シエンリ ニウ・小木和孝
日本語監修　　日本農業労災学会
訳　　　者　　日本語版；田島　淳
発　　　行　　一般社団法人東京農業大学出版会
　　　　　　　代表理事　進士五十八
　　　　　　　〒156-8502　東京都世田谷区桜丘1-1-1
　　　　　　　TEL.03-5477-2666　　Fax.03-5477-2747

　ⓒ 北田紀久雄
　　印刷／忠栄印刷株式会社　　　　そ20233256
　　ISBN　978-4-88694-529-7　C3061　￥2000E